Der

Königlichen Technischen Hochschule

zu Berlin

gewidmet von

ihrem Ehren - Doktor - Ingenieur

FR. VOITH.

Die

Turbinen-Versuchsstationen

und die Wasserkraft-Zentralen mit
hydraulischer Akkumulierungsanlage

der Firma J. M. Voith in Heidenheim a. d. Brenz.

Zweigniederlassung in

St. Pölten (Österreich).

1909

Springer-Verlag Berlin Heidelberg GmbH

ISBN 978-3-662-33648-9 ISBN 978-3-662-34046-2 (eBook)
DOI 10.1007/978-3-662-34046-2

Additional material to this book can be downloaded from http://extras.springer.com

In immer erhöhtem Maße wendet sich das Interesse unserer Zeit den Wasserkräften zu, und mit großer Aufmerksamkeit werden die eminent wichtigen wirtschaftlichen Fragen über die Nutzbarmachung dieser Naturschätze verfolgt und studiert.

Wenn heute überall die Elektrizität licht- und kraftspendend vordringt, die Städte und Dörfer, die Industrie und die Landwirtschaft mit elektrischem Strom versorgt, so wird stets gesucht, in erster Linie die Wasserkräfte unserer Flüsse und Bäche diesem Zwecke dienstbar zu machen.

In jüngster Zeit gewinnen insbesondere größere Wasserkräfte für die Elektrisierung des Bahnbetriebes erhöhte Bedeutung, und es benötigt die chemische Industrie zur Erzeugung von Karbid und Stickstoff ganz enorme Leistungen, zu deren billigen Beschaffung vor allem die großen Wasserkräfte berufen sind.

Es finden sich solch bedeutende Kräfte einmal an Flüssen mit großen Wassermengen (so bei uns in Deutschland am Rhein, an der Isar, der Weser und anderen Strömen), wobei aber das Gefälle meist nur gering ist, und dann in gebirgigen Gegenden mit verhältnismäßig kleinen Wassermengen und großen Gefällen (an den Abhängen der Alpen, im Schwarzwald und anderen Gebirgszügen). In überseeischen und den skandinavischen Ländern findet sich vielfach beides in glücklichster Weise vereinigt, große Gefälle mit großen Wassermengen, und wir haben dort die ganz enormen Kräfte, wie sie z. B. in Nordamerika am Niagara, in Norwegen am Svaelgfos und Rjukan und in Schweden am Trollhättan ausgebaut werden.

Während früher der Bau einer 1000-pferdigen Turbine ein großes Ereignis war und nur ganz vereinzelt vorkam, wie aus meinen Turbinenempfängerlisten seit 1871 ersichtlich ist, sind heute Turbinen mit 10 000 bis 15 000 PS keine Seltenheit mehr, und es ist dadurch naturgemäß die Verantwortung des Turbinenkonstrukteurs ganz ungeheuer gestiegen. Bei derartigen Riesenanlagen muß er seiner Sache absolut sicher sein, und dies ist ihm nur auf Grund eingehendster Versuche und zwar in großem Maßstab möglich, mit denen natürlich die theoretischen Untersuchungen Hand in Hand gehen müssen.

Mit gelegentlichen Versuchen an ausgeführten Anlagen ist es heute nicht mehr möglich auszukommen, und es werden solche Anlagen von den Besitzern auch äußerst selten zu gründlichen Versuchen zur Verfügung gestellt, und Abnahmeversuche, welche fast stets innerhalb einer beschränkten Zeit durchgeführt sein müssen, können kaum jemals zur Beantwortung wichtiger Fragen herangezogen werden.

Wenn ich auch durch das dankenswerte Entgegenkommen verschiedener Wasserkraftbesitzer im württembergischen und badischen Schwarzwald in früheren Jahren Gelegenheit hatte, sehr wertvolle Versuche durchzuführen, so erwies sich doch die Errichtung einer eigenen Versuchsanstalt bald als unumgänglich notwendig, da eben auch diese Versuche, weit entfernt von der Fabrik und an begrenzte Zeiten gebunden, nicht immer so gestaltet und durchgeführt werden konnten, wie es die richtige Erforschung der vorliegenden

Fragen und auch die hohen Kosten der betreffenden Versuche verlangt hätten.

Auch die im Jahre 1900 auf der sogenannten „Bleiche“ innerhalb des Fabrikbereichs erbaute Turbinen- und Regulator-Versuchsstation konnte wegen des begrenzten Rahmens, in welchem hier Versuche vorgenommen werden konnten, bald nicht mehr genügen, um die fortgesetzt neu auftauchenden Aufgaben zu lösen, da die Gefälls- und Wasserverhältnisse hier nur gestatten, Francisturbinen mit stehender Welle für etwa 1,8 m Gefälle und kleine Leistungen abzubremsen.

Bei den großen Anlagen können die Verhältnisse natürlich auch günstig liegen, so daß die seitherigen Erfahrungen schon ein sicheres Gelingen gewährleisten. So kamen mir für die Lieferung von 3 Turbinen von je 13000 PS an die Niagarafälle, welche ich vor etwa 5 Jahren übernahm und die damals die größten der Welt waren, die für das vorhandene Nutzgefälle günstige Größe der Aggregate und der Umdrehungszahl, welche dort verlangt wurde, zu statten und die Turbinen fielen zur größten Zufriedenheit aus. Es wurden sofort 3 weitere Turbinen nachbestellt und die siebente, genau gleiche Turbine ist zurzeit in meinen Werkstätten in Arbeit, so daß ich insgesamt rund 90000 PS für diese eine Anlage geliefert habe.

Bei kleineren Gefällen und großen verfügbaren Wassermengen können die Aufgaben für den Turbinenbauer recht schwierig werden, da in solchen Fällen Aggregate von großer Leistung und möglichst hoher Tourenzahl verlangt werden.

Für die Konstruktion und Ausbildung dieser schnelllaufenden Turbinen mit großer Schluckfähigkeit bis zur Erzielung bestmöglichen Wirkungsgrades ist unbedingt eine Versuchsanstalt erforderlich, und es muß dieselbe die Untersuchung auch von großen Turbinen und von solchen der verschiedensten Anordnungen: mit senkrechter und horizontaler Welle, einfache und Zwillingsturbinen, offene und Gehäuseturbinen gestatten.

Für die Anlage einer derartigen Versuchsstation kann nur eine natürliche Wasserkraft mit nicht zu kleinem Gefälle und reichlicher Wassermenge in Frage kommen, und es war schwierig, hierfür eine passende Wasserkraft zu finden, die auch noch in möglichster Nähe der Fabrik liegen sollte. Glücklicherweise bot sich mir in dieser kritischen Zeit die Gelegenheit, zwei an derselben Staustufe liegende Mühlen in Hermaringen, 12 km von Heidenheim entfernt, zu kaufen, und ich faßte den Entschluß, hier eine großzügige Versuchsanstalt für Turbinen zu erbauen.

Zur ständigen Verwertung der Wasserkraft sollte dann die Energie derselben mittelst elektrischer Kraftübertragung nach Heidenheim geleitet und dort zum Fabrikbetrieb verwendet werden.

Bei dem Gefälle von im Mittel 5,41 m und einer Wassermenge von maximal 7 cbm in der Sekunde, welche in Hermaringen zur Verfügung stehen, bleiben die Versuche auf Francis-Niederdruckturbinen beschränkt, während aber selbstverständlich auch bei den Hochdruckspiral- und besonders auch bei den neuzeitlichen Hochdruck - Freistrahlturbinen (Löffelturbinen) das Bedürfnis nach gründlichen Versuchen ebenso groß war.

Die Ausnützung der hohen und höchsten Gefälle ist in fast allen Gebirgsländern, den europäischen und außereuropäischen Ländern in großartiger Weise im Gang, und daß auch hierfür sehr große Aggregate in Frage kommen, zeigt die Anlage Rjukan in Norwegen, für welche ich zurzeit 5 Tangentialräder für 276 m Gefälle und je 14 500 PS Leistung zu liefern habe.

Natürliche Wasserkräfte mit hohem Gefälle sind auch in der weiteren Umgebung von Heidenheim nicht zu finden, und es blieb mir deshalb nur der Ausweg, durch Erstellung eines Hochreservoirs, welches mittelst Hochdruck-Zentrifugalpumpen gefüllt werden kann, eine künstliche Wasserkraft zu schaffen.

Es wurde diese Versuchsstation mit einer hydraulischen Akkumulierungsanlage im Anschluß an die Hermaringer Zentrale verbunden, so daß sich dann auch eine größere Wirtschaftlichkeit in der Ausnützung dieser Wasserkraft ergab. Als günstiges Gelände kam die 10 Minuten von meiner Fabrik entfernte Brunnenmühle, welche am Fuß eines etwa 100 m hohen, steil abfallenden Bergabhanges liegt, in Betracht, und ich entschloß mich nach reiflicher Überlegung und eingehender Untersuchung der einschlägigen Verhältnisse, diese Mühle zu erwerben und daselbst die Akkumulierungsanlage und die Hochdruck-Turbinenversuchsstation zu errichten, wobei mir in letzterer dann Gefälle bis 100 m zur Verfügung stehen und Turbinen bis zu 500 PS untersucht werden können.

Der Ankauf der Brunnenmühle und der Wasserkraft in Hermaringen gab zu recht schwierigen Verhandlungen Veranlassung, bei welchen mir mein Herr Direktor Gottschick in wirkungsvoller und tatkräftigster Weise zur Seite stand.

Mit der Projektierung der verschiedenen Anlagen in Hermaringen und der Brunnenmühle, der Ausarbeitung der Pläne und der Durchführung des Baues betraute ich Herrn Oberingenieur Dr. Ing. Oesterlen, dem die Erfahrungen von meiner älteren, kleinen Versuchsanstalt und von Versuchen und Bremsungen aller Art sowie die Erfahrungen des Herrn Direktor Cloß und meiner anderen Oberingenieure zur Verfügung standen.

In einem im Württembergischen Bezirksverein des Vereins Deutscher Ingenieure gehaltenen Vortrag hat Herr

Dr. Ing. Oesterlen eine Beschreibung beider Anlagen gegeben, welche nachstehend in etwas erweiterter Form folgt.

Mit diesen beiden Werken habe ich mir jetzt Versuchsanstalten geschaffen, in welchen so ziemlich alle Turbinenkonstruktionen in den verschiedensten Anordnungen sowie sämtliche Laufradtypen bis zu ganz erheblicher Größe geprüft werden können. Es sind deren Einrichtungen weiterhin so ausgebaut, daß ein Besteller, der die Wichtigkeit der Prüfung seiner Turbine erkennt und bewertet, dieselbe in den meisten Fällen vor dem Versand in der Versuchsanstalt prüfen lassen kann.

In der Anlage Brunnenmühle stehen mir am Betriebsaggregat bis zu 500 PS zur Verfügung, und es werden deshalb dort auch die bei dem weiteren Zweig meiner Fabrikation, den Maschinen für Holzschleifereien und Papierfabriken, erforderlichen Versuche vorgenommen, soweit dieselben große Antriebskräfte beanspruchen.

Die sämtlichen Ergebnisse der Versuchsstationen kommen natürlich auch meiner Zweigfabrik in St. Pölten (Niederösterreich) voll und ganz zugute.

Wie in der nachstehenden Beschreibung des näheren ausgeführt ist, können in den beiden Versuchsstationen neben Turbinenprüfungen auch wissenschaftliche Versuche durchgeführt werden, von denen ich hier nur Versuche über die Rohrreibung in geraden Rohren und in Krümmern bei den verschiedensten Abmessungen und Geschwindigkeiten und dann weiter die Bestimmung von Überfallkoëffizienten bei allen möglichen Ausführungen der Überfälle und bis zu recht großen Wassermengen erwähnen will.

Die Versuchsanstalten gewähren die Möglichkeit, alle theoretischen Untersuchungen zu prüfen und zu erhärten, jede beim Bau von Turbinen und Regulatoren auftauchende Frage durch zuverlässige Versuche der Lösung entgegenzuführen, und so ist zu hoffen, daß dadurch die Wissenschaft und die Praxis des Turbinenbaues in gleicher Weise gefördert werden.

Heidenheim a. d. Brenz, März 1909.

Dr.-Ing. h. c. Fr. Voith.

Inhaltsverzeichnis.

Einleitung.

Der Bau der Wasserturbinen steht seit mehr als einem Jahrzehnt im Zeichen einer stets fortschreitenden Entwicklung und sucht sich dabei nicht nur immer mehr den Anforderungen der modernen Betriebe bezüglich Leistung und Umdrehungszahl anzupassen, sondern auch in der wirtschaftlichen Ausnützung der Wasserkräfte, welche einen wertvollen Teil des Nationalvermögens der verschiedenen Länder darstellen, immer höher zu kommen.

Bei dem raschen Fortschritt, welchen dieses Bestreben zeitigte, mußten zum großen Teil ganz neue Formen geschaffen werden, und es sind heute noch viele Aufgaben zu lösen, über welche der derzeitige Stand der wissenschaftlichen Erkenntnis und die wenigen bekannten Versuche auf hydraulischem Gebiet keinen sicheren Aufschluß geben können. Schritt für Schritt muß sich der Turbinenkonstrukteur, gestützt auf planmäßige Versuche, die richtige Erkenntnis vielfach erst selbst schaffen und so rechnend und prüfend weiterbauen. Auch die in den letzten Jahren erschienenen Werke über Wasserturbinen lassen noch viele wichtige Fragen offen, die nur durch eingehende Versuche geklärt werden können, und weisen vielfach auf die Notwendigkeit solcher Versuche selbst hin (siehe Pfarr, Vorwort sowie Seite 53 und 58).

Während bei den einfachen Formen, welche fast alle Turbinen noch vor nicht zu langer Zeit besaßen, die rechnerische Verfolgung der Vorgänge in den Leit- und Laufrädern keine Schwierigkeiten bot und einzelne Untersuchungen von ausgeführten Anlagen vollständig genügten, um einen sicheren Anhalt für die weiteren, ähnlichen Konstruktionen zu gewinnen, ist dies heute bei den modernen Francis-Schnelläufern und den Hochdruck-Freistrahlturbinen nicht mehr der Fall. Die Schwierigkeit der Konstruktion ist durch die immer mehr gesteigerte Tourenzahl und Schluckfähigkeit ganz erheblich gewachsen, und außer der konstruktiven Durchbildung der Lauf- und Leiträder zur Erzielung eines bestmöglichen Wirkungsgrades harren weiterhin noch so viele Fragen ihrer endgültigen Beantwortung, von denen ich nur diejenige des zweckmäßigsten Einbaues und der Wasserzu- und -abführung, des Achsialschubs, des Einflusses der Größe des Gefälles auf den Wirkungsgrad, der Saugrohrwirkung anführen will.

Für die Firma J. M. Voith, deren seitherige Versuchsanstalt*) nur verhältnismäßig kleine Turbinen abzubremsen gestattet, machte sich immer mehr das Bedürfnis nach einer größeren Versuchsstation geltend, in welcher alle diese Fragen studiert und Turbinen von großer Leistung und in den verschiedensten Anordnungen, sowie insbesondere auch Turbinen für hohe Gefälle geprüft uud genau untersucht werden können.

Der Chef der Firma Voith, Herr Geh. Kommerzienrat Dr. Ing. Fr. Voith, entschloß sich deshalb, die günstige Gelegenheit, welche sich ihm im Anfang des Jahres 1907 zur Erwerbung einer größeren Wasserkraft in Hermaringen a/Brenz bot, zu ergreifen und in Ausführung eines längst gehegten Gedankens und als notwendig erkannten Erfordernisses daselbst eine Versuchsanstalt für Wasserturbinen zu schaffen.

Um diese Hermaringer Wasserkraft, welche zugleich als elektrische Zentrale mit Kraftübertragung nach der Fabrik in Heidenheim ausgebaut wurde, auch während der Nachtstunden zu verwerten, wurde in der „Brunnenmühle“, etwa 1 km von der Fabrik in Heidenheim entfernt, eine hydraulische Akkumulierungsanlage und im Anschluß daran eine Versuchsanstalt für Hochdruckturbinen erstellt.

Die Brunnenmühle selbst mußte für diese Zwecke erworben werden und es waren für den Ankauf dieser Mühle und der Hermaringer Wasserkraft sowie für die Erstellung der verschiedenen Anlagen solch hohe Summen aufzuwenden, daß sich eine Rentabilität durch die Ausnützung der Wasserkraft für den Fabrikbetrieb nicht ergab und nur die klare Erkenntnis von dem großen Wert der anzugliedernden Versuchsanstalten für den Turbinenbau Herrn Geh. Kommerzienrat Dr. Voith dazu bewegen konnte, diese Wasserkräfte zu erwerben und in der nachstehend beschriebenen Weise auszubauen.

---

*) Zeitschrift d. V. d. Ing. 1907, Seite 627.

A. Versuchsstation und Wasserkraftzentrale „Hermaringen“.

1. Allgemeine Verhältnisse, Kanal- und Wehranlage.

Hermaringen ist in der Luftlinie 11,5 km vom Voithwerk entfernt und liegt wie Heidenheim selbst an der Brenz, welche dort auf ihrem sonst verhältnismäßig flachen Verlauf eine ihrer größten Gefällsstufen besitzt. Wie aus dem Lageplan (Fig. 1) ersichtlich ist, diente diese Wasserkraft vor Erstellung der neuen Anlage zum Betrieb zweier an beiden Ufern liegenden Mühlen, welche mittelst Wasserrädern aber nur einen Teil des gesamten Gefälles und zwar 3,3 m ausnützten, während bis zu der nächsten, 650 m unterhalb gelegenen Wasserkraftanlage noch ein freies Gefälle von 1,59 m auf eine Strecke von 300 m zu gewinnen war. Das oberhalb gelegene Werk ist 1700 m entfernt und es konnte auch hier durch Aufstauen des Wasserspiegels um 0,52 m das Nutzgefälle erhöht werden, ohne daß der Oberlieger geschädigt wurde (siehe Längenprofil, Fig. 2). Während links ein steiler Abhang das Ufer bildet, kamen die rechten Uferstrecken, soweit der erhöhte Rückstau reichte, mit den beiden Mühlen in den Besitz der Firma J. M. Voith, so daß eine Einsprache gegen diese Höherlegung des Oberwasserspiegels nicht zu befürchten war.

Nur für eine direkt oberhalb der Mühlen gelegene Furt, die infolge des höheren Wasserspiegels nicht mehr befahrbar war, mußte Ersatz durch eine Brücke geschaffen werden. Da die Gemeinde Hermaringen ohnedies schon längst mit dem Gedanken umging, durch eine Straßenbrücke die beiden rechts und links der Brenz liegenden Teile des oberen Dorfes zu verbinden, konnte eine Verständigung mit der Gemeinde dahin getroffen werden, daß dieselbe die Brücke erstellte und die Firma Voith einen festen Beitrag von nahezu der Hälfte der Erbauungskosten leistete.

Unterhalb der Mühlen teilte sich die Brenz in zwei Arme, in denen das Wasser mit großer Geschwindigkeit und geringer Tiefe floß, und es wurde

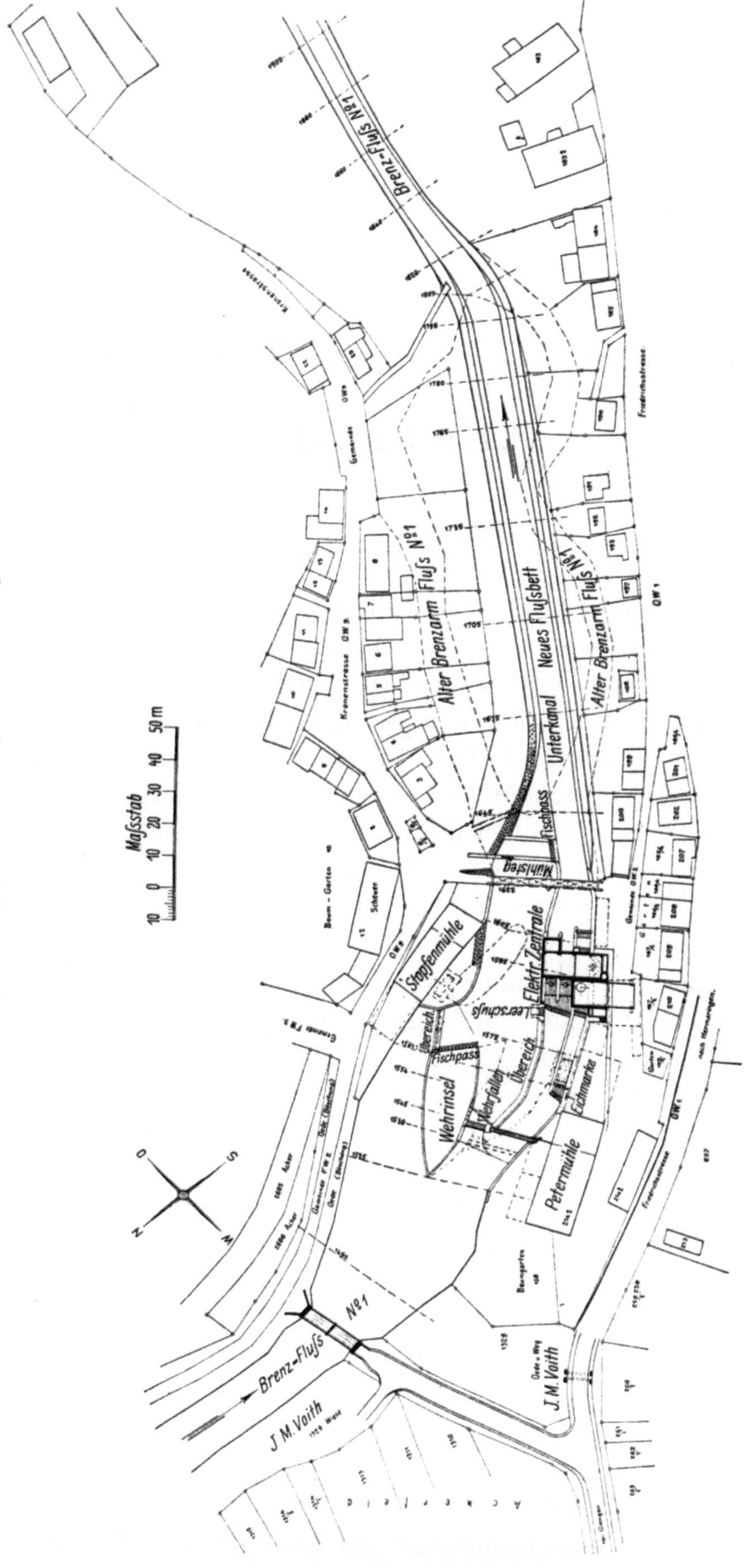

Fig. 1. Lageplan der Anlage in Hermaringen.

zur Gewinnung des erwähnten freien Gefälles von 1,59 m ein ganz neues, tief eingeschnittenes Bett mitten durch die von den beiden Flußarmen gebildete Insel gegraben und diese beiden Arme zugeworfen. Das gesamte normale Nutzgefälle an der Turbinenanlage ergibt sich zu 5,41 m, wobei sowohl oberhalb als auch im Unterwasser, entsprechend den Vorschriften des württembergischen Wassergesetzes, noch je ein freies Gefälle von 200 mm nicht ausgenützt wurde. Es sollen diese im Flußlauf noch verfügbaren 200 mm zwischen je 2 Staustufen dazu dienen, Streitigkeiten der Wasserwerksbesitzer nach Möglichkeit zu verhindern.

Das Einzugsgebiet der Brenz bis Hermarigen beträgt 430 qkm und nach den Messungen und Angaben des württembergischen hydrographischen Bureaus führt der Fluß daselbst eine mittlere Wassermenge von 4,2 cbm/sec., d. s. 9,8 l pro qkm. Das Kleinwasser geht zurück auf etwa 2,0 cbm/sec. und es ergibt sich aus der Verteilung der Wassermenge auf die einzelnen Monate eines Jahres, daß sich ein Ausbau der Wasserkraft auf 7,0 cbm/sec. noch als wirtschaftlich erweist. Mit Rücksicht auf das Kleinwasser und eine hinsichtlich des Wirkungsgrades der Turbinen möglichst gute Ausnützung der Wasserkraft wurde für die Betriebsanlage die Aufstellung von 2 Turbinen für je

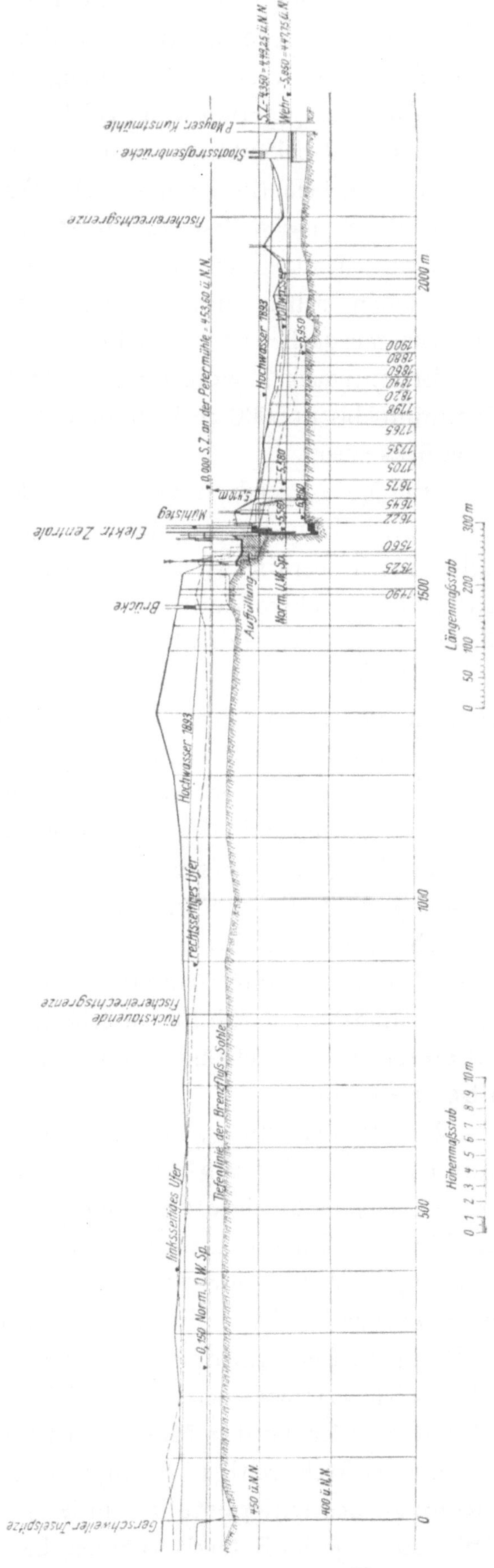

Fig. 2. Längenprofil.

3,5 cbm maximal beschlossen. Bei Hochwasser führt die Brenz in Hermaringen bis zu 60 cbm in der Sekunde und es mußten ausreichende Vorkehrungen zum Abführen dieser Wassermenge geschaffen werden.

Das Einzugsgebiet ist reichlich mit Wald besetzt und durch seine zahlreichen Trockentäler, von denen das bekannteste das romantische Wendtal ist, bemerkenswert. Das Wasser aus den Trockentälern wird der Brenz durch unterirdische, in stark zerklüfteten Felsen sich hinziehende Wasseradern zugeführt und tritt in einer Anzahl von Quellen zutage, von denen neben der Brenzquelle in Königsbronn die bedeutendste die Brunnenquelle ist, welche gleich unterhalb Heidenheim entspringt. Die Brunnenquelle, welcher im Mittel etwa 1500 Sekundenliter und im Maximum bis zu 5000 Sekundenliter entströmen, gilt als die stärkste Quelle in Württemberg.

Infolge der reichen Waldbestände und der stark zerklüfteten Formation des weißen Juragebirges läuft bei Regen und Schneeschmelze das Wasser nicht rasch oberirdisch ab und das Einzugsgebiet besitzt die für Wasserkraftanlagen außerordentlich günstige Eigenschaft eines verhältnismäßig gleichmäßigen Wasserabflusses.

Mit 4,2 cbm/sec. mittlerer Jahreswassermenge ergibt sich für den Ausbau der Hermaringer Wasserkraft bei 5,41 m Nutzgefälle eine Leistung von 245 PS im Mittel, während bei gutem Wasserstand bis zu 400 PS, an den Turbinenwellen gemessen, erzielt werden können.

Der Untergrund für den Wasserbau und die Kanalanlagen besteht fast durchweg aus Felsen und zwar aus mergeligen Plattenkalken des weißen Jura (Zeta), die im Wasser sehr beständig sind, aber an die Luft gebracht rasch verwittern. Für die Fundierung der Wasserbauten war diese Formation sehr günstig, dagegen erschwerte und verteuerte sie die Aushubarbeiten nicht unerheblich, besonders da auch in dem zu grabenden, neuen, tiefliegenden Brenzbett dieser Felsen bis nahezu auf die halbe Tiefe anstand.

Die Wasserhaltung, welche infolge des felsigen Untergrundes keine nennenswerten Schwierigkeiten bot, wurde während der ganzen Bauzeit mittelst elektrisch angetriebener Zentrifugalpumpen bewirkt. Dieselben erhielten ihre Energie durch eine in der bisherigen Wasserradstube der linksseitigen Mühle, der Stopfenmühle, provisorisch im Holzkasten eingebaute Turbine, welche einen Gleichstromgenerator antrieb. Auch die für die Baumaschinen erforderliche Energie lieferte diese provisorische Anlage und speiste überdies noch die elektrische Beleuchtung für den Bauplatz und später, während der Maschinenmontierung, auch für die Zentrale selbst.

Da die rechtsseitige Anlage mit dem Maschinenhaus zuerst in Angriff genommen und fertiggestellt wurde, konnte diese Turbine in der Stopfenmühle so lange im Betrieb bleiben, bis eine der beiden Turbinen der Neuanlage zum Antrieb des dann im unteren Versuchsraum aufgestellten Gleichstromgenerators zu benützen war. Auf diese Weise konnte die ganze, während des Baues für Kraft und Beleuchtung erforderliche Energie durch die Wasserkraft selbst und also ohne Dampf erzeugt werden.

Die Wehranlage, der Obergraben und das Maschinenhaus sind auf Tafel I und II dargestellt.

Die Anlage ist, wie aus dem Lageplan (Fig. 1) ersichtlich, an einer Erbreiterung der Brenz erstellt und das Maschinenhaus zum Teil in diese hineingebaut, so daß nur ein ganz kurzer Zulaufkanal zu den Turbinen erforderlich wurde, dessen linksseitige Mauer zugleich als Übereich dient. Die Wehranlage findet ihren natürlichen Stützpunkt in der in der Mitte des Flusses liegenden Insel und ist durch dieselbe in zwei Teile getrennt. Während auf der linken Seite nur ein festes Überfallwehr durch Erhöhen und Verstärken der alten Wehrmauer geschaffen wurde, befinden sich rechts von der Wehrinsel zwei Schleusen von je 2,5 m lichter Weite und 2,6 m Fallenhöhe, an welche sich die 41,6 m lange Übereichmauer anschließt. Die Krone der beiden Übereichmauern liegt 0,15 m unter der Eichklammer der rechtsseitigen Mühle, der sog. Petermühle, und auf h = 453,60 über N. N.

Fig. 3. Querprofil des Untergrabens.

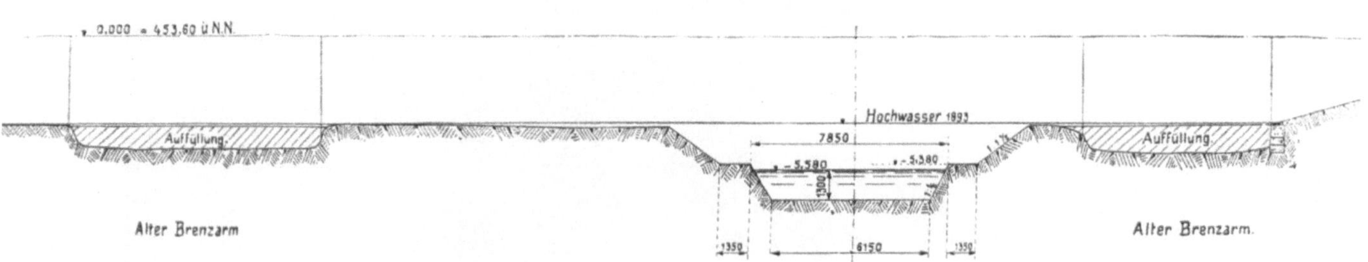

Vor den beiden Turbinenkammern, welche durch Schützen einzeln absperrbar sind, ist ein Rechen mit 20 mm Lichtweite zwischen den Flacheisenstäben angeordnet. Der Rechen ist schräg gegen die Strömungsrichtung so gelegt, daß nach Öffnen der Leerschütze Eis und andere Schwimmstoffe durch das abfließende Wasser mit fortgerissen werden.

Die Leerschütze, welche eine lichte Weite von 2,0 m besitzt, sowie die beiden Wehrschleusen sind mit leicht zu bedienenden Aufzugsvorrichtungen für Handbetrieb ausgerüstet. Der über den Oberkanal gespannte, zu den Wehrschleusen führende Gittersteg war als Verbindungssteg der Petermühle mit der Wehrinsel von früher vorhanden.

Fig. 4. Außenansicht der Zentrale vom Oberwasser her gesehen.

Fig. 5. Außenansicht der Zentrale vom Untergraben aus gesehen.

Neben dem Obergraben, welcher das Wasser den beiden Betriebsturbinen zuführt, liegt an der Landseite der Zuflußkanal zum Turbinenversuchsschacht, auf welchen weiter unten näher eingegangen werden soll.

Die rechtsseitige Überfallmauer, die Sohle des Obergrabens und die Zwischenmauer zwischen Betriebs- und Versuchskanal sind in Eisenbeton ausgeführt worden, wie aus dem Querschnitt auf Tafel II ersichtlich ist. Die 3,8 m hohe Wehrmauer ist an ihrem Fuß in den Felsen eingesprengt und dann in 1,5 m Höhe, mit dem Boden des Kanals und der 1 m breiten Zwischenmauer des Versuchskanals verankert, so daß sie eine große Sicherheit gegen Umkippen besitzt. Die Kronenstärken der Überfall- und der Zwischenmauer hätten erheblich schwächer gehalten werden können und wurden nur mit Rücksicht darauf, daß dieselben begehbar sein sollen, mit 600 bezw. 1000 mm Breite ausgeführt.

Das über die Überfälle oder durch die Schützen abfließende Wasser gelangt nicht direkt in das Unterwasser, sondern in ein Zwischenbecken, das die Höhenlage der alten Flußsohle an dieser Stelle besitzt. Von diesem Zwischenbecken, in welchem das Wasser auf der Höhe h = — 3,7 unter Eichklammer steht, fließt das Wasser über 2 weitere Überfälle von 16 m Länge dem Untergraben zu. Vom Unterwasser zum Zwischenbassin und von da zum Oberwasser sind an den Seitenmauern betonierte Fischleitern angebracht. Das Zwischenbecken ist stets mit Wasser gefüllt, einmal, um als Verbindung für die beiden Fischleitern zu dienen, und dann weiterhin, um ein Verwittern des die Sohle bildenden Felsens zu verhindern.

Der Untergraben bezw. das neue Brenzbett unterhalb der Zentrale mußte, wie schon erwähnt, auf eine Strecke von 200 m neu ausgehoben und das alte anschließende Brenzbett auf 100 m Länge von der ehemaligen Inselspitze ab vertieft werden, um das ganze Gefälle für die Turbinenanlage nutzbar zu machen. Das Sohlengefälle beträgt 0,3 $^0/_{00}$.

Das gewählte Profil ist in Fig. 3 dargestellt, wobei zu erwähnen ist, daß der untere Teil des Grabens von den Bermen abwärts noch ganz in den Felsen zu liegen kam und sich daraus der steile Böschungswinkel von 1 : $^1/_2$ erklärt. Die oberhalb der Bermen liegenden $1^1/_2$ füßigen Böschungen wurden mit Humus bedeckt und angesät.

Die beiderseitigen Bermen sind zur Schaffung eines großen Hochwasserprofils angelegt worden, und es wurde damit erreicht, daß auch das stärkste Hochwasser die Ufer des neuen Brenzbettes an dessen oberem Ende nicht mehr überflutet. Da die Wehrschützen und die Überfallmauern so reichlich bemessen sind, daß das Hochwasser rasch abgeführt werden kann, so ist jede Hochwassergefahr ausgeschlossen, und es sind die früher häufig aufgetretenen Überschwemmungen des direkt unterhalb der Zentrale gelegenen Teiles von Hermaringen nicht mehr zu befürchten.

Während sowohl der Grundriß als auch die Höhenlagen des Betriebsraums und der Versuchsanlage lediglich durch Zweckmäßigkeitsgründe bestimmt waren, konnte für die weitere innere Gestaltung und die äußere Architektur des Gebäudes ein größerer Spielraum gewährt werden.

Das Äußere des Gebäudes wurde möglichst dem Charakter der Umgebung angepaßt und die Bilder Fig. 4 und 5 zeigen die Zentrale und Versuchsstation vom Oberwasser und vom Untergraben her gesehen.

Die sämtlichen Pläne wurden von der Firma Voith selbst ausgearbeitet bis auf den Hochbau, welchen das Architekturbureau von P. J. Manz in Stuttgart entwarf.

2. Versuchs- und Prüfstation für Turbinen.

Innerhalb der durch Gefälle und Wassermenge gegebenen, natürlichen Verhältnisse war die Versuchsanstalt so auszubauen, daß deren Grenzen, sowohl was die Größe der zu prüfenden Turbinen als auch die Verschiedenheit der Anordnung betrifft, möglichst weit gesteckt werden konnten. Es gebot sich dies nicht allein wegen der Versuche mit Neukonstruktionen, sondern auch mit Rücksicht auf die ins Auge gefaßte Möglichkeit der Vornahme von Abnahmeversuchen an bestellten Turbinen vor deren Absendung. Während sich in Nordamerika die Prüfung von Turbinen in unabhängigen Versuchsanstalten (so in Holyoke) allgemein eingebürgert hat, konnte dieses Verfahren bei uns bis heute noch keinen Eingang finden und zwar hauptsächlich wohl aus dem Grunde, weil eben keine Prüfungsanstalten vorhanden waren, welche gestatteten, die verschiedensten Konstruktionen und Anordnungen von Turbinen abzubremsen.

Da es nur selten möglich sein wird, Turbinen unter demselben Gefälle, für welches sie verkauft sind, zu prüfen, muß die Frage der Abhängigkeit des Wasserkonsums und des Wirkungsgrades vom Gefälle noch durch eingehende Versuche geklärt werden, um das Mißtrauen der deutschen Abnehmer gegen derartige „Laboratoriumsversuche" zu beheben. Bei Turbinen für das Ausland begünstigt vielfach die Schwierigkeit der Abnahmeversuche an Ort und Stelle die Prüfung vor der Ablieferung in der Versuchsanstalt und es ist dieser Weg von der Firma Voith auch schon bei staatlichen Lieferungen für das Ausland eingeschlagen worden.

Bei dem maximalen Gefälle von 5,41 m sind die Turbinenprüfungen in Hermaringen auf Niederdruckturbinen beschränkt, doch können immerhin außer Turbinen im offenen Schacht auch Gehäuseturbinen (Kessel- und Spiralturbinen) aufgestellt und abgebremst werden, welche für mittlere Gefälle bis zu etwa 30 m und nicht zu große Leistungen konstruiert sind.

Neben der angestrebten Vielseitigkeit ist bei der Einrichtung des Versuchsschachtes hauptsächlich darauf Bedacht genommen worden, alle Vorkehrungen zu schaffen, welche dazu geeignet sind, genaue und einwandfreie Resultate zu verbürgen, und ein rasches und sicheres Arbeiten mit möglichst wenig Beobachtern zu ermöglichen.

a) Einbau der zu prüfenden Turbinen.

Die Anordnung des Versuchsschachtes sowie des oberen und unteren Versuchsraumes ist auf Tafel I und II dargestellt. Im oberen Versuchsraum, dessen Fußboden 600 mm über dem normalen Wasserspiegel liegt, befindet sich ein großer Pronyscher Zaum für Messungen an Turbinen mit senkrechter Welle, während in dem zwischen Ober- und Unterwasserspiegel liegenden, unteren Versuchsraum die Versuche an Turbinen mit wagerechter Welle vorgenommen werden.

Zur Erleichterung des Einbaues der Versuchsturbinen ist der Versuchsschacht oben nur mit Dielen abgedeckt, welche auf eisernen Trägern aufliegen, die sämtlich wegnehmbar sind, so daß der ganze Schacht nach oben freigelegt werden kann. Der Trägerrahmen in Fußbodenhöhe, welcher den Lagerbock für das Führungslager und den Spurzapfen der senkrechten Bremswelle trägt, ist seitlich auf gehobelten, gußeisernen Platten gelagert und kann ebenfalls leicht abgehoben werden. Durch Präzisionsstifte ist seine Lage, wie auch diejenige des Lagerbockes auf dem Rahmen selbst so fixiert, daß eine rasche Montierung ermöglicht ist und der Rahmen stets diejenige Lage erhält, bei welcher die Achsenrichtung des Führungslagers senkrecht steht und genau in das Mittel des Tragringes T_1 trifft. Dieser im Boden des Versuchsschachtes einbetonierte Tragring dient zur Befestigung der zu untersuchenden Turbinen, welche durch Zentrierung in demselben sofort ihre richtige Stellung gegenüber der oberen Lagerung erhalten.

Zum raschen Transport und zur bequemen Montierung der Turbinen und Versuchseinrichtungen werden beide Versuchsräume je von einem Laufkran von 6000 kg Tragkraft bestrichen. Das Gleise des im oberen Versuchsraum laufenden Krans führt aus dem Gebäude hinaus und überschreitet die Straße, so daß die ankommenden Maschinenteile leicht abgeladen und in den oberen Versuchsraum geschafft werden können. Bei Einbringung von schwereren Teilen in den unteren Versuchsraum sind dieselben durch die mit Dielen abgedeckte Öffnung Q in das neben dem unteren Versuchsraum liegende Magazin hinabzulassen und können dann, nachdem sie eine kurze Strecke horizontal transportiert wurden, mit dem unteren Kran gepackt werden.

Um große Saugrohre mit Hilfe des Krans in den Kanal unter dem Versuchsschacht zu bringen, ist die Öffnung R im Boden desselben ausgespart. Dieselbe wird mit einem Blechdeckel wasserdicht verschlossen.

Bei Anordnung dieser Öffnung wurde auch daran gedacht, dieselbe eventuell für Versuche über die Ejektorwirkung von großen, am Saugrohr der Turbine vorbeiströmenden Wassermengen (Ausnützung des Hochwassers zur Gefällserhöhung) zu verwenden.*)

Am Umfang des einbetonierten Tragringes T_1 sind 4 Löcher a ausgespart, durch welche Drahtseile zum Anheben des Saugrohres durchgeführt werden können.

Für Schachtturbinen mit liegender Welle, deren Saugkrümmer ebenfalls auf dem horizontalen Tragring befestigt werden, ist in der Stirnmauer des Versuchsschachtes der senkrecht stehende Tragring T_2 einbetoniert. Derselbe ist mit einer Konsole verschraubt, die auf der Wasserseite zur Befestigung des Leitapparates dient und auf der Luftseite ein Traglager für die Turbinenwelle trägt.

Fig. 6. Nuten im Fußboden der Versuchsräume.

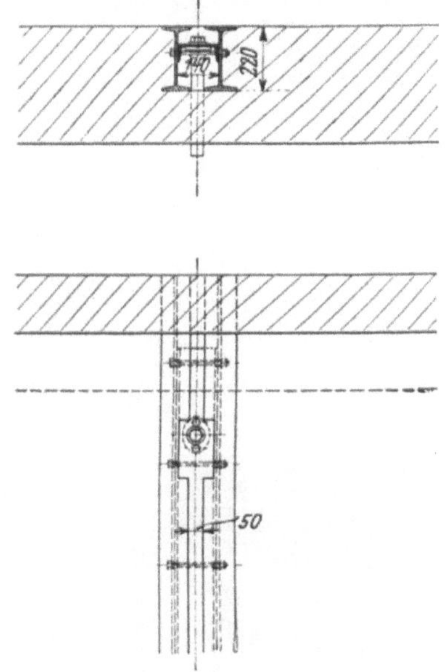

Damit der Unterwasserraum des Versuchsschachtes nach Herablassen der Absperrschütze S rasch leergepumpt werden kann, was hauptsächlich für die Montierung der Saugrohre notwendig wird, ist eine mittelst direkt gekuppelten Elektromotors angetriebene Zentrifugalpumpe P aufgestellt.

Diese Pumpe dient außerdem zur Beschaffung des Kühlwassers für den großen Bremsapparat. Während zu den Messungen im unteren Versuchsraum das Kühlwasser direkt aus dem Obergraben durch die Leitung e—e entnommen werden kann, muß bei Versuchen an Turbinen mit stehender Welle das Kühlwasser zuerst in ein im Dachraum des Gebäudes aufgestelltes Reservoir gepumpt werden, um von dort mit gleichmäßigem Druck der Bremse zuzufließen. Das Reservoir hat 6 cbm Inhalt und ist mit einer Überlaufleitung versehen. Der Pumpe wird das Wasser durch die Leitung e—e aus dem Obergraben zugeführt.

In den Fußböden der Versuchsräume befinden sich durch verschraubte I-Träger gebildete Nuten (siehe Fig. 6), welche zum Befestigen der Maschinenteile dienen. Die I-Eisen sind zugleich die Tragbalken für die Böden. Auch in der Sohle des Kanals unter dem Versuchsschacht sind derartige Nuten angebracht.

Die Möglichkeit der Gefällsveränderung, welche sich für die Ver-

*) Zeitschrift d. V. d. Ing. 1906, S. 1821; Zeitschrift für das gesamte Turbinenwesen 1908, S. 524.

Fig. 7. Turbine mit stehender Welle im Versuchsschacht.

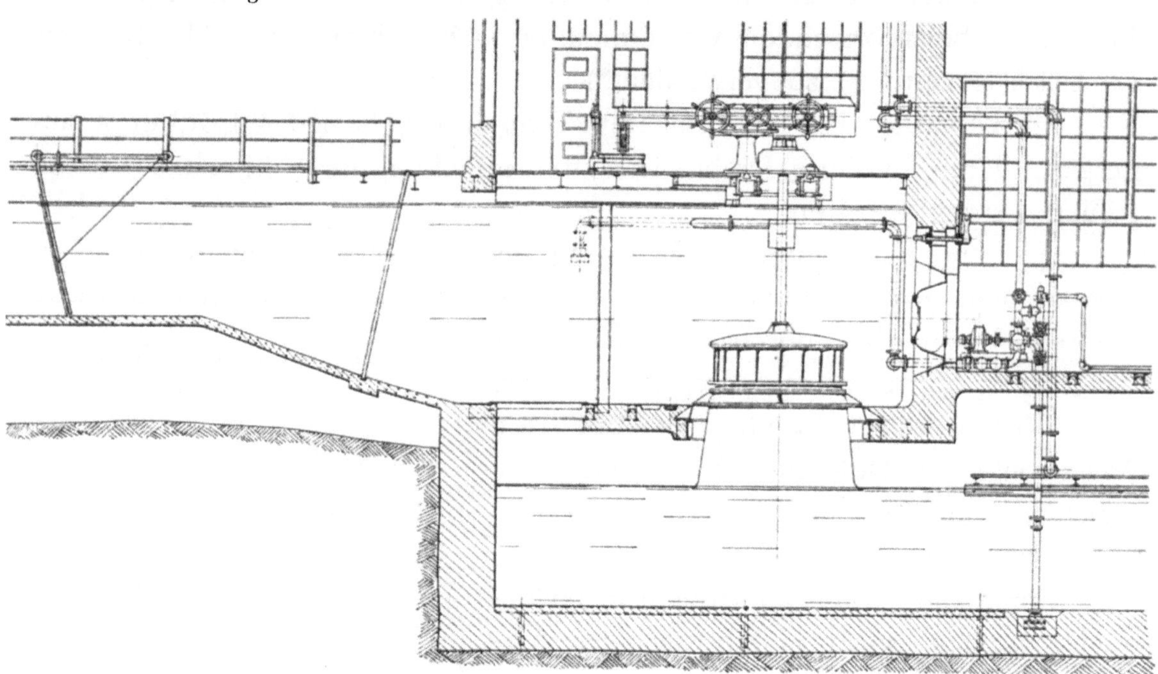

Fig. 8. Turbine mit stehender Welle im Versuchsschacht.

suchsanstalt als außerordentlich wertvoll erweist, konnte naturgemäß nur durch Aufstauen des Unterwasserspiegels gewonnen werden. Zu diesem Zweck sind die durch ⊏-Eisenrahmen verstärkten Seitenwände des Ablaufkanals sehr hoch geführt und es ist am Ende desselben die Doppelschütze S angeordnet. Die letztere besitzt zwei Schützentafeln aus Holz voreinander, von denen jede für sich durch eine Aufziehvorrichtung bewegt

Fig. 9 und 10. Turbine mit liegender Welle im Versuchsschacht.

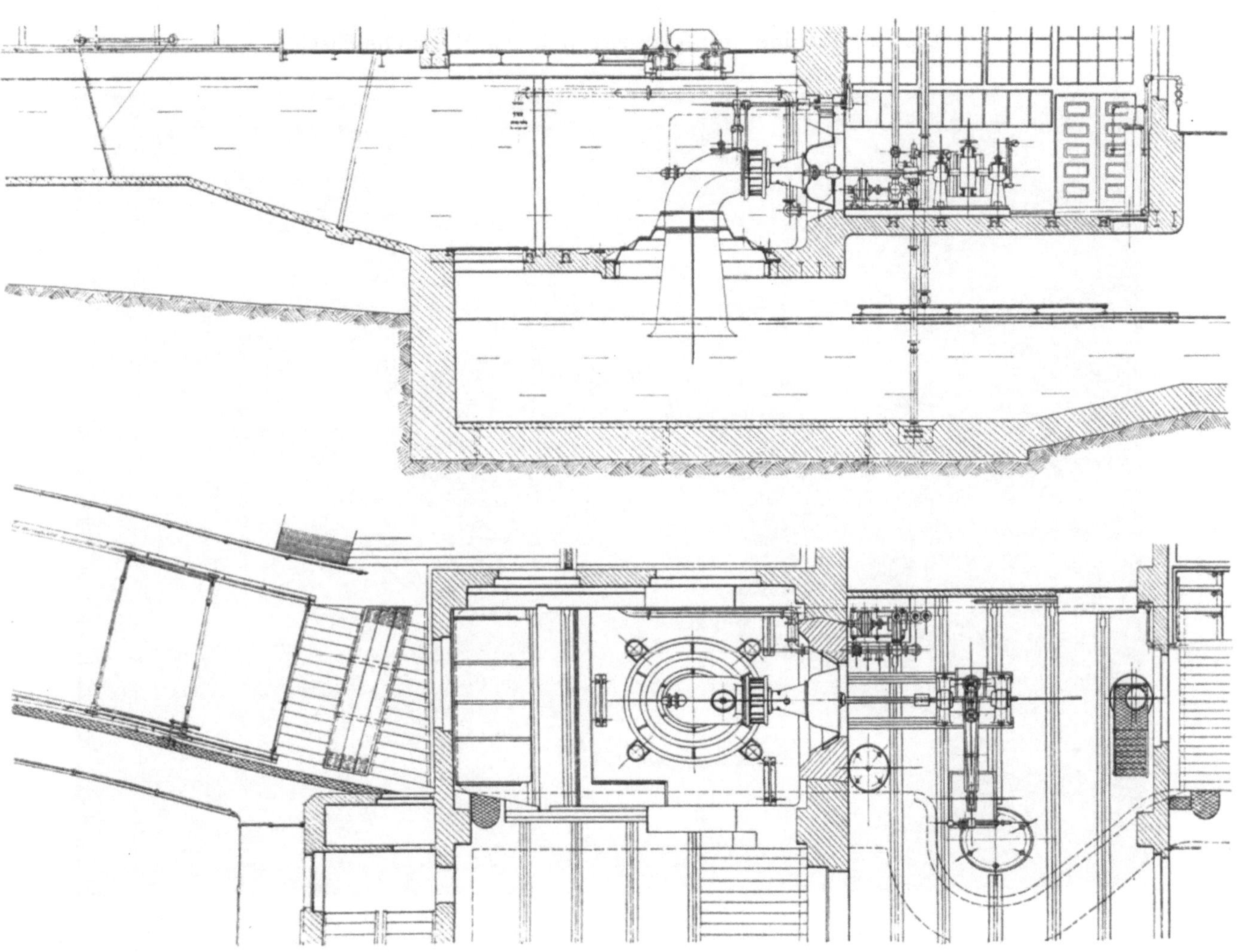

werden kann und die zusammen eine solche Höhe erreichen, daß der Unterwasserspiegel um etwa 3,8 m gestaut und das Gefälle in den Grenzen zwischen 5,41 m und 1,6 m geändert werden kann. Die Bewegungsmechanismen können von Hand oder durch einen fahrbaren Elektromotor mit Rädervorgelege und flexibler Welle betätigt werden. Mit Rücksicht auf das Aufstauen des Unterwasserspiegels mußten der Fußboden des unteren Versuchsraums und die Umfassungswände gut wasserdicht erstellt werden.

Die Fig. 7 und 8 geben eine im Versuchsschacht eingebaute, große

Schnelläuferturbine mit stehender Welle wieder, während die Fig. 9 bis 11 eine offene Turbine mit horizontaler Welle und den im unteren Versuchsraum aufmontierten Bremszaum zeigen. Aus Fig. 12 ist der Einbau einer offenen Zwillingsturbine und aus den Fig. 13 und 14 sowie 15 bis 17 die Aufstellung von Gehäuseturbinen zu Versuchszwecken ersichtlich.

Um Spiralturbinen für beide Drehrichtungen und verschiedene Einlaufanordnungen aufstellen zu können, ist im Fußboden des unteren Versuchsraumes der große Schacht E_1 ausgespart, welcher durch seine seitliche Lage gestattet, die Rohrleitung, welche am Tragring T_2 angeschlossen wird, in die verschiedenen Einlaufrichtungen der Spiralturbinen überzuführen.

Fig. 11. Turbine mit liegender Welle im Versuchsschacht.

Das Spiralgehäuse ist von allen Seiten leicht zugänglich, so daß Messungen über die in demselben herrschenden Geschwindigkeits- und Druckverhältnisse bequem vorgenommen werden können. Für Versuche am Saugrohr der eingebauten Spiralturbinen ist das direkt über dem Unterwasserspiegel liegende Podium D vorgesehen (Fig. 15).

Fig. 12. **Zwillingsturbine mit liegender Welle im Versuchsschacht.**

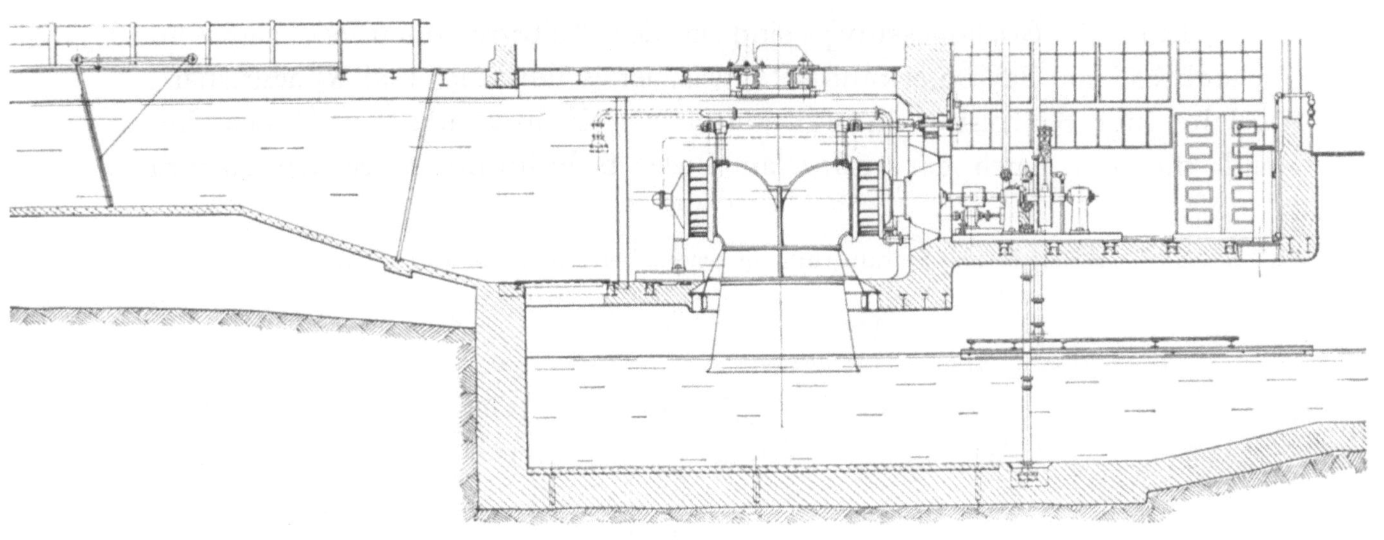

Fig. 13 und 14. **Zwillings-Frontal-Turbine mit liegender Welle im Versuchsschacht.**

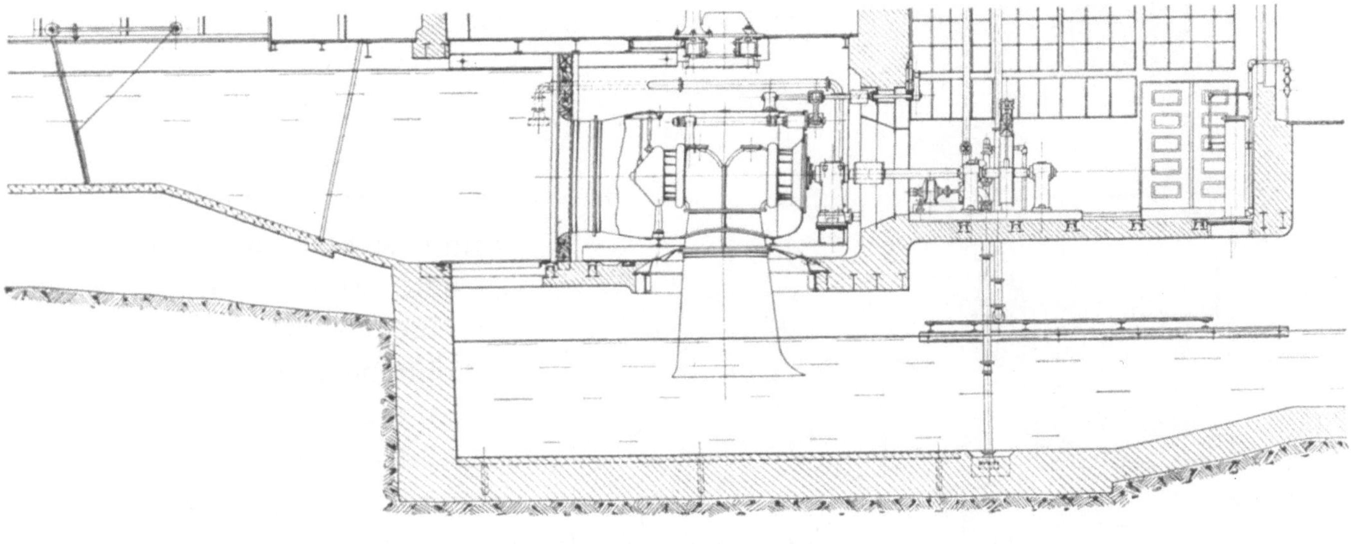

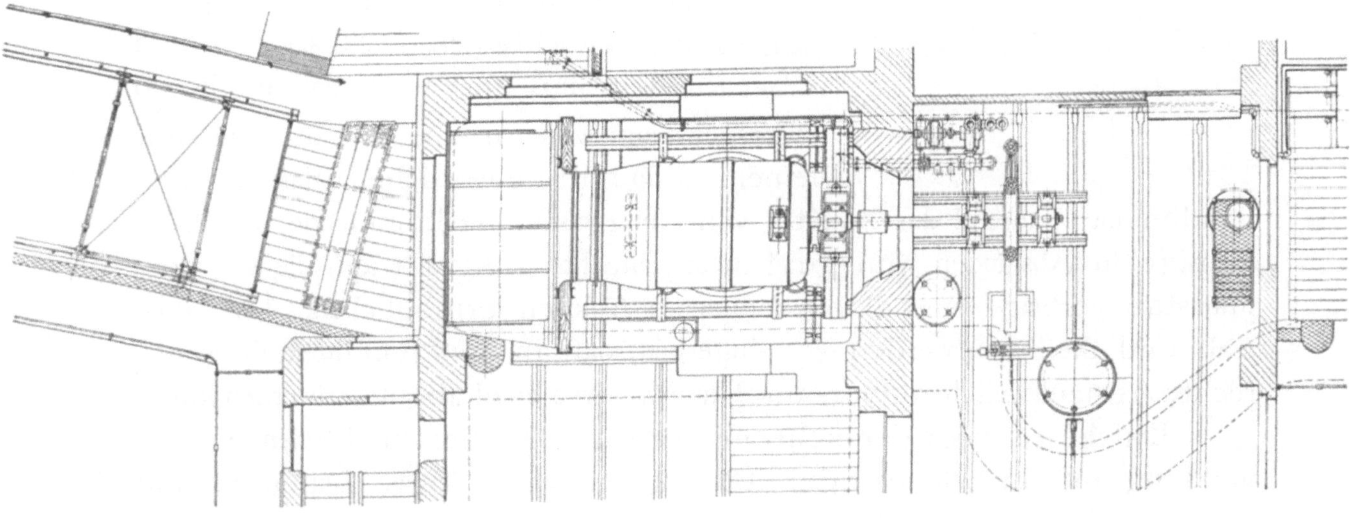

b) Messung des Gefälles.

Für die Gefällsmessung sind in den Seitenwänden des Turbinenschachtes und des Unterkanals Schwimmernischen N_2 und N_3 ausgespart, welche mit Blechplatten in der Flucht der Kanalwände verschlossen sind und die nur durch ein nahe am Boden befindliches Loch von 20 mm

Fig. 15 bis 17. Spiralturbine im unteren Versuchsraum aufgestellt.

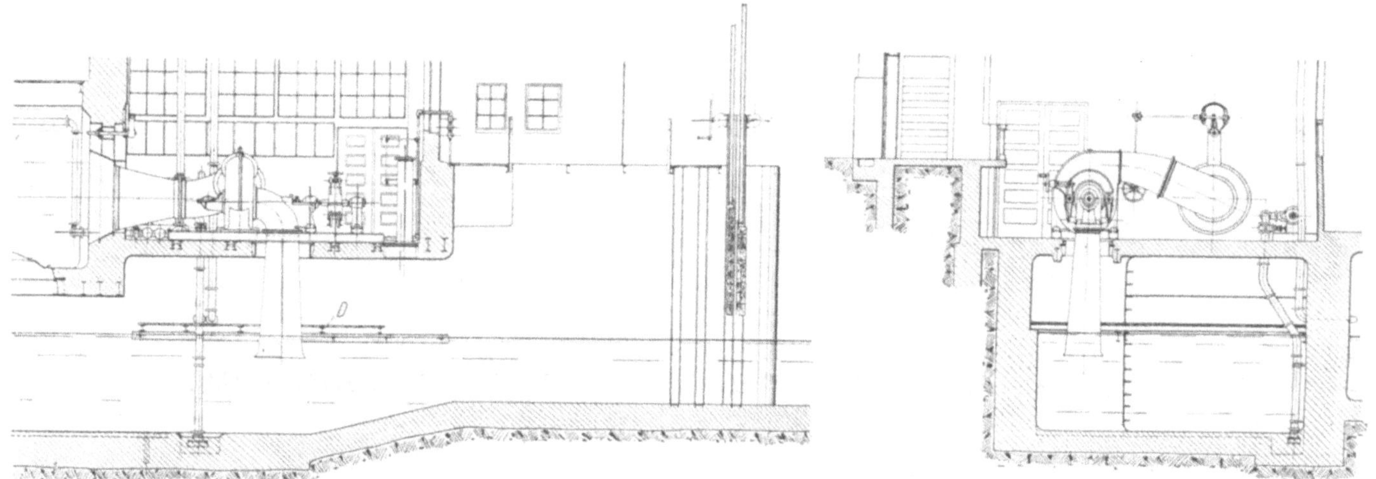

Durchmesser mit dem Außenwasser in Verbindung stehen. In jeder Nische befindet sich ein an einem 0,6 mm starken Siliciumbronzedraht aufgehängter Schwimmer aus Kupferblech, der sonst keine Führung besitzt und sich deshalb sehr leicht bewegt. Die Drähte, welche durch am anderen Ende angehängte Gewichte gespannt sind, werden über Rollen geführt und kommen im oberen Versuchsraum zusammen, wo der eine mit einem senkrecht beweglichen Maßstab verbunden ist, während der zweite, vom Unterwasser herkommende, scheibenförmige in Abständen von je 1 m angebrachte Zeiger trägt, die vor dem Maßstab vorbeigehen und ein bequemes Ablesen ermöglichen. Der Maßstab und die Zeiger werden so eingestellt, daß an ersterem direkt der senkrechte Abstand zwischen Ober- und Unterwasserspiegel abgelesen werden kann.

Da die einzelnen Versuche mit der später zu beschreibenden Wassermessung mittelst Schirm oder Überfall nur ganz kurze Zeit, meist nur

Bruchteile einer Minute, dauern, ist die Bestimmung des Gefälles durch ein oder zweimalige Ablesung einfacher als die Selbstaufzeichnung der Wasserspiegelhöhen durch einen registrierenden Apparat, an welchen, nach dem Vorbild der Versuchsanstalt der Charlottenburger Technischen Hochschule, zuerst gedacht wurde*).

Neben dieser Bestimmung des Gefälles durch die Schwimmer ist eine direkte Messung noch dadurch ermöglicht, daß der Oberwasserspiegel durch eine kommunizierende Röhre, welche am Ende in ein Glasrohr mündet, an die wasserabwärts liegende Wand des unteren Versuchsraumes übertragen wird. Durch den an dieser Stelle angeordneten Schacht im Fußboden und das 400 mm weite Steigrohr reicht eine durch Gegengewicht ausbalancierte, senkrecht bewegliche Gasrohrstange in den Unterwasserkanal hinunter und diese Stange trägt vier je 1 m voneinander entfernte und, von oben gesehen, gegeneinander versetzte Kupferdrahtspitzen (Fig. 18).

An der Gasrohrstange ist in genau fixiertem Abstand von den Spitzen ein Metermaßstab befestigt, der sich ganz nahe bei dem Glasrohr befindet und das Gefälle direkt abzulesen gestattet.

Die konischen Spitzen ermöglichen ein genaues Einstellen auf den Wasserspiegel, auch wenn das Auge senkrecht über denselben steht. Es ist zu beachten, daß das in den Turbinenschacht hineinragende Ende des kommunizierenden Rohres so angeordnet wird, daß nicht starke, von oben eventuell nicht wahrnehmbare Strömungen die Höhe des Wasserstandes im Glasrohr gegenüber dem tatsächlichen Oberwasserspiegel falsch anzeigen. Die Kontrolle durch die Schwimmer und durch direkte Messung von zwei einnivellierten Fixpunkten aus ist dabei immer wertvoll.

c) Wassermessung.

Die Wassermessung erfolgt im Zulaufkanal zum Versuchsschacht mit Schirm. Der geradlinige, rechteckige und sehr sorgfältig ausgeführte Meßkanal hat eine gesamte Länge von 20 m, während die eigentliche Meßstrecke 10 m beträgt. Die lichte Breite des Kanals ist 3,5 m und derselbe hat bei normalem Oberwasserstand eine Wassertiefe von 2,2 m. Die größte zu messende Wassermenge ist zu 8,0 cbm angenommen, wobei sich eine Geschwindigkeit von 1,04 m ergibt.

Die Konstruktion des Schirmes ist ähnlich derjenigen, welche in der Versuchsanstalt „Bleiche“ in Heidenheim schon seit Jahren benützt wird und die sich sehr gut bewährte. In einem Aufsatz in der Zeitschrift des Vereins Deutscher Ingenieure, Jahrgang 1907, S. 627 hat Schmitthenner diese Einrichtung veröffentlicht, weshalb sich hier eine eingehende Be-

*) Zeitschrift d. V. d. Ing. 1908, S. 1835.

Fig. 18 und 19. Gefällsmessung am Steigrohr.

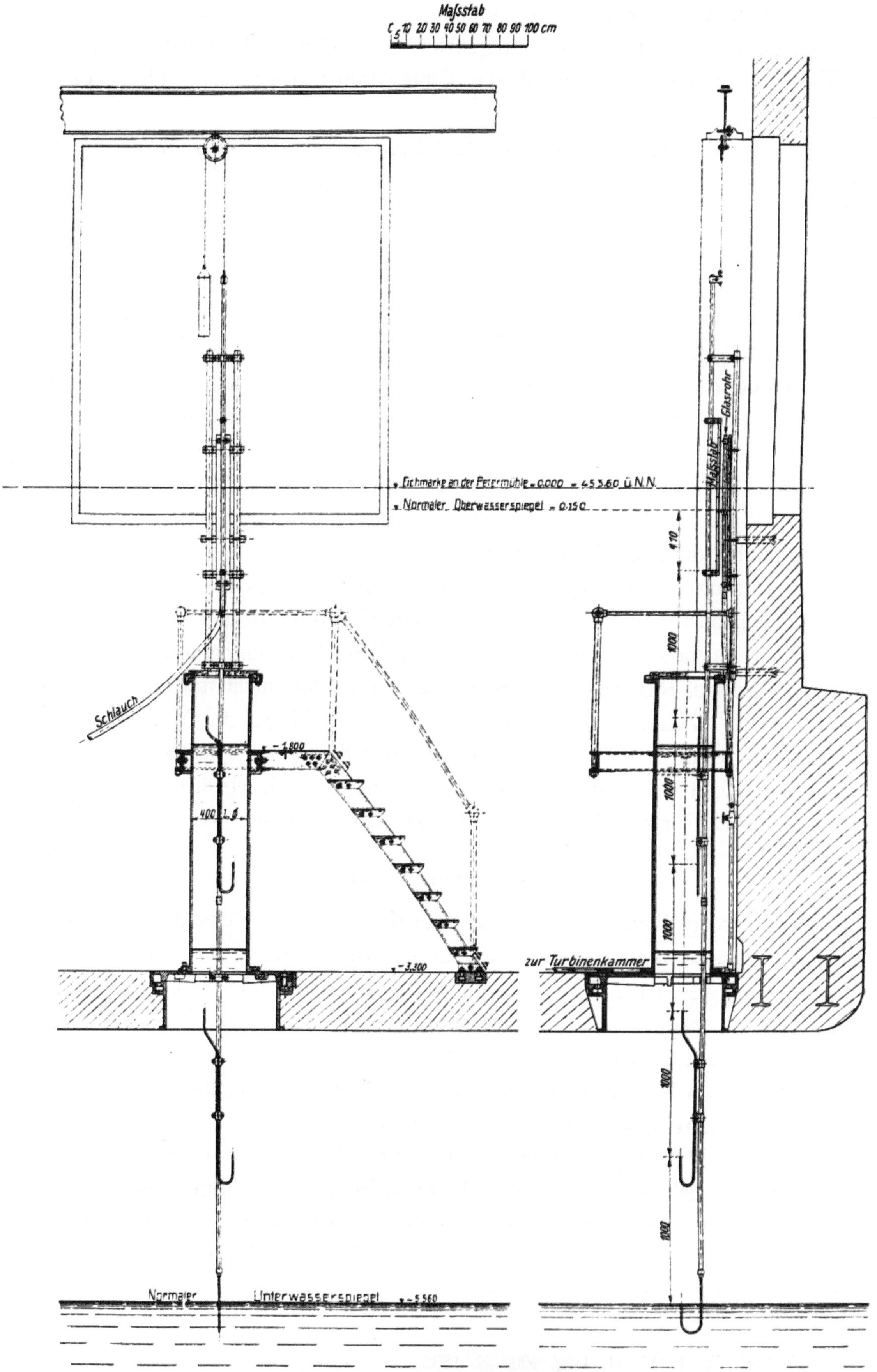

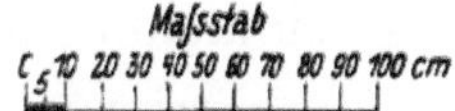

Maſsstab
0 5 10 20 30 40 50 60 70 80 90 100 cm
Eichmarke an der Petermühle = 0.000 = 453.60 ü. N.N.
Normaler Oberwasserspiegel = 0.150
Schlauch
Glasrohr
Maſsstab
− 1.800
400 l. ø
− 3.300
zur Turbinenkammer
Normaler Unterwasserspiegel − 5.560

schreibung erübrigt. Den größeren Dimensionen des Schirmes Rechnung tragend, ist für Hermaringen statt des **T**-förmigen Rahmens ein geschlossener rechteckiger Rahmen mit 4 Rollen gewählt und eine Aufziehvorrichtung für den an der wasseraufwärts liegenden Querstange des Wagens hängenden Schirm angebracht worden. Infolge dieser Aufziehvorrichtung kann der Schirm ohne Mühe ganz aus dem Wasser herausgehoben und durch einen Mann leicht bedient werden. Ein weiterer Unterschied gegenüber der Konstruktion auf der Bleiche ist hier die Schräglage des Schirmes. Dieselbe wird durch zwei dünne Drahtseile eingestellt und soll den Weg und damit die Zeit für das Einsinken des Schirmes von Beginn der Auslösung bis zur Endstellung verkürzen. Auf der Meßstrecke sind 11 je 1 m voneinander entfernte elektrische Kontakte angebracht, und es wird die Zeit, welche der Schirm zum Durchlaufen dieser Strecke benötigt, mit der von Schmitthenner ebenfalls beschriebenen Registriervorrichtung aufgezeichnet. Dieser Apparat steht mit einer Sekundenuhr in Verbindung und markiert außer der Zeit auch noch jede Umdrehung der Turbine während der Versuchsdauer.

Neben der durch den Schirm gemessenen Wassergeschwindigkeit ist zur Berechnung der Wassermenge noch der Wasserquerschnitt und dazu, bei bekannter Kanalbreite, die während des Versuchs vorhandene Wassertiefe erforderlich. Die letztere kann direkt mit dem Maßstab gemessen werden. Zum bequemen und raschen Ablesen ist in der Mitte der Meßstrecke eine Schwimmernische N_1 in der rechtsseitigen Kanalwand ausgespart und es wird der Wasserstand durch einen gleichen Schwimmer, wie oben für die Gefällsmessung, in den Versuchsraum übertragen.

Am Anfang des Meßkanals ist ein Rechen von 30 mm Lichtweite zwischen den Flacheisenstäben und außerdem eine Absperrschütze vorhanden. Bei geschlossener Schütze läuft der Meßkanal leer und ist dadurch leicht nachzusehen und zu reinigen. Vor dem Turbinenschacht ist noch ein zweiter, größerer Rechen mit 20 mm Lichtweite angeordnet zum Abhalten aller Fremdkörper, welche für die Versuchsturbinen schädlich werden könnten.

Der Meßkanal eignet sich natürlich auch gut zur Bestimmung der Wassermenge mit dem Woltmannschen Flügel; doch dürften diese Messungen, da sie eine lange Versuchsdauer ergeben, wohl nur zu Vergleichsversuchen herangezogen werden.

Wassermessungen mit Überfall können im Auslaufkanal des Versuchsschachtes vorgenommen werden, und es sind zu diesem Zwecke die **⊏**-Eisen U_1 und U_2 in den Seitenwänden dieses Kanals einbetoniert. Da der letztere leergepumpt werden kann, ist das genaue und zuverlässige Einbringen der Überfallwand sehr erleichtert.

Erwähnen möchte ich an dieser Stelle, daß durch die Möglichkeit,

Fig. 20 bis 22. Großer Bremsapparat auf der stehenden Welle.

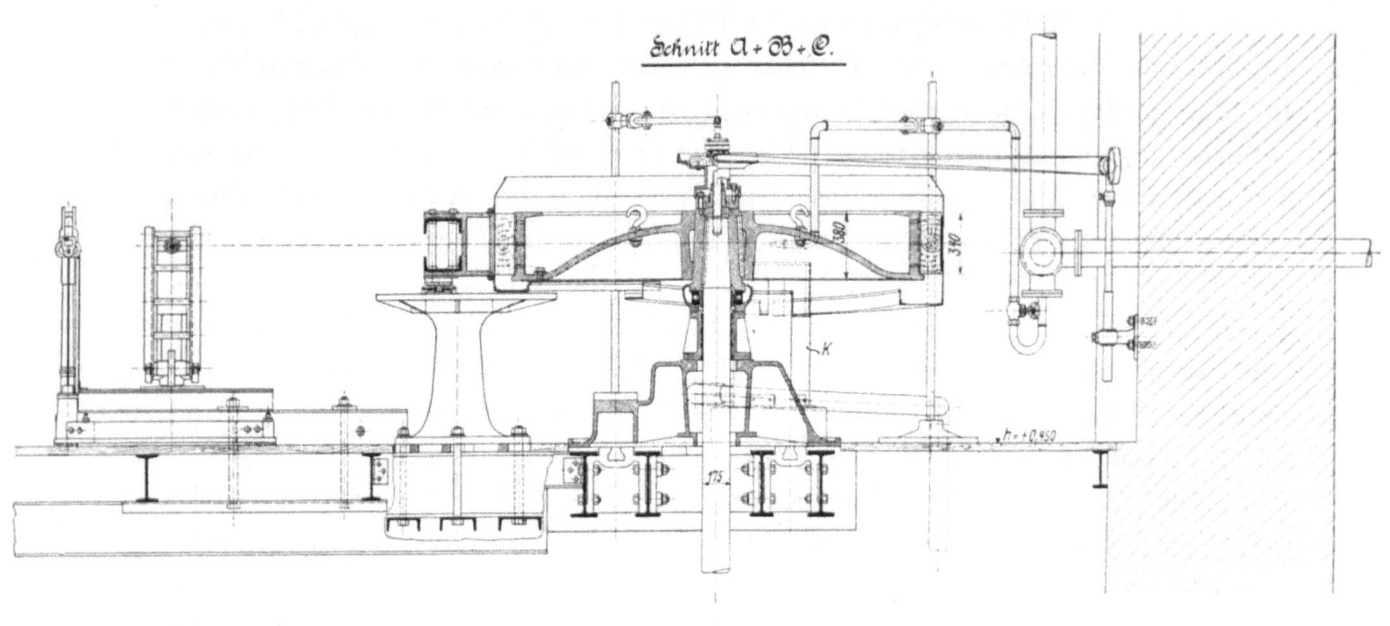

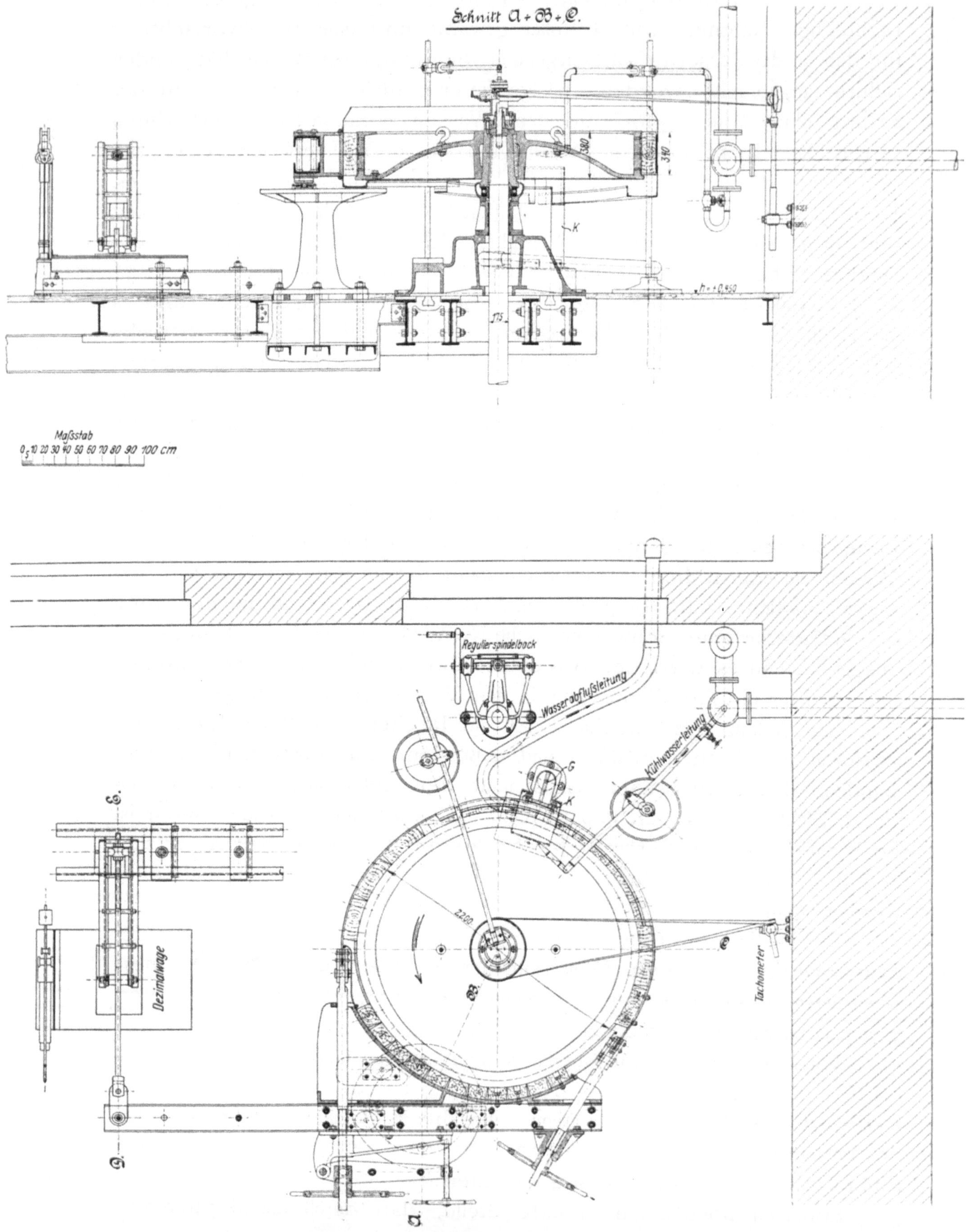

Wassermessungen mit Schirm und Überfall zu gleicher Zeit vornehmen zu können, und bei der großen Genauigkeit der Schirmmessung in der Versuchsanstalt genaue Überfallkoëffizienten für die verschiedensten Arten von Überfällen mit und ohne Seitenkontraktion und allen möglichen Wehrhöhen gewonnen werden können.

Muß bei irgend welchen auswärtigen Abnahmeversuchen das Wasser mit einem Überfall gemessen werden, dessen Abmessungen nicht mit solchen Überfällen, für welche schon genaue Koëffizienten vorliegen, übereinstimmend gemacht werden konnte, so ist es möglich, in Hermaringen durch Einbau eines gleichen Überfalles nachträglich noch die genauen Überfallwerte durch Versuch zu erhalten. Es dürfte dies besonders bei Messungen von großen Wassermengen mit Überfall von Wert sein, für welche fast kein Versuchsmaterial vorliegt.

Fig. 22.

Schnitt D ÷ E.

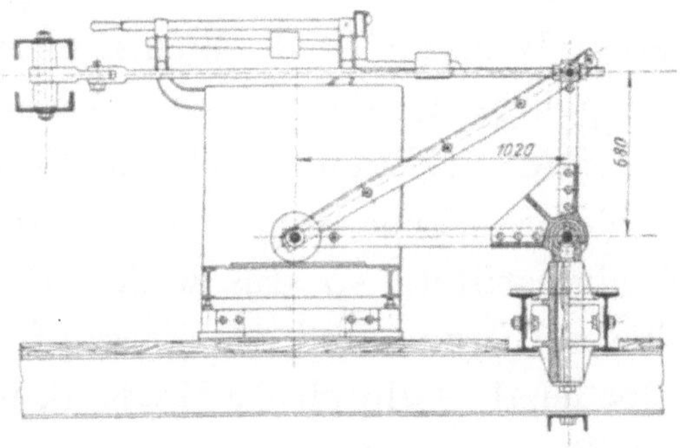

Um die Möglichkeit zu haben, Messungen mit dem Woltmannschen Flügel in einer Rohrleitung vorzunehmen, kann an dem Tragring T_2 ein Rohr angeschlossen und geradlinig über die ganze Breite des Versuchsraumes weitergeführt werden. Der Schacht E_2 dient dann nach Wegnahme des Steigrohres zum Abführen des Wassers in den Untergraben. Derartige Messungen sollen zur Gewinnung eines Urteils über die Verteilung der Wassergeschwindigkeiten innerhalb des Rohres dienen, und der Genauigkeitsgrad dieser Wassermessungen kann dabei durch Kontrolle mit dem Schirm festgelegt werden.

d) Leistungsmessung.

Die Leistungsmessung erfolgt bei den Turbinenbremsungen durchweg mit Pronyschem Zaum. Es ist diese einfache, mechanische Reibungsbremse nach reiflicher Überlegung gewählt worden, da sie bei den für Wasserturbinen mit den Gefällsverhältnissen der Versuchsanstalt vorkommenden Leistungen und Umdrehungszahlen immer noch den einfachsten und zuverlässigsten Apparat darstellt. Für Turbinen mit stehender Welle ist ein neuer, großer Bremsapparat nach Fig. 20 bis 23 mit 2200 mm Scheibendurchmesser und 340 mm Backenbreite konstruiert worden, der bei kleinen Umdrehungszahlen von 30 bis 40 in der Minute noch etwa 150 PS abzubremsen gestattet und bei höheren Tourenzahlen natürlich erheblich mehr beansprucht werden kann.

Die Scheibe ist außen rauh abgedreht, so daß der Reibungskoëffizient ein möglichst großer ist, und die Stärke des Kranzes wurde reichlich gewählt, um ein öfteres Aufrauhen durch Abdrehen zu ermöglichen.

Der Zaum besteht aus einem gußeisernen Balken und einem Bremsband, die beide mit Holzklötzen besetzt sind. Die durch ⊏-Eisen gebildete Verlängerung des Bremsbalkens überträgt die Umfangskraft mit Zugstange und einem auf Kugeln gelagerten Winkelhebel auf eine Dezimalwage. Das Anziehen der Bremse und deren Regulierung erfolgt durch Spindeln und Hebelübersetzung an den auf Fig. 21 und 23 ersichtlichen Handrädern.

Auf eine Selbstregulierung der Bremse, wie sie schon mehrfach für Ingenieurlaboratorien ausgeführt wurde, ist hier verzichtet worden, da bei den großen Anpressungskräften die leichte Beweglichkeit der Mechanismen nur durch außerordentlich starke Dimensionen erreicht werden kann und die Erfahrung gezeigt hat, daß bei Turbinenbremsungen auch ohne diese Selbstregulierung bei richtig bemessenem Bremsapparat ein guter Beharrungszustand zu erzielen ist.

Nach dem Vorgang der für das Ingenieurlaboratorium der Charlottenburger Technischen Hochschule nach dem Entwurf von Herrn Geh. Regierungsrat Professor E. Reichel von Voith gelieferten Bremse ist der Bremsbalken auf 3 Kugeln von 32 mm Durchmesser so gelagert, daß dessen Schwerpunkt innerhalb des durch die Kugeln gebildeten Dreiecks fällt und die freie Beweglichkeit des Zaumes gewahrt bleibt. Das Bremsband ist für sich noch im Punkt G auf eine Kugel abgestützt, so daß weder der Balken noch das Band auf der Bremsscheibe aufliegen und der Spurzapfen durch die Bremse gar nicht belastet ist. Es wird dadurch die Möglichkeit gewahrt, auch kleine Leistungen noch mit dieser großen Bremse messen zu können.

Der Bremsapparat besitzt innere Wasserkühlung in der Weise, daß das Kühlwasser dem Scheibenkranz innen tangential zugeführt wird und durch in drei Horizontalreihen angeordnete Löcher nach außen zwischen die Bremsklötze und die Scheibe gelangt, gleichzeitig zur Kühlung und Schmierung dienend. Blechwände und Rinnen fangen das Abspritzwasser auf und führen es dem Sammelkasten K zu, von dem es in den nebenliegenden Turbinenschacht der Betriebsturbine II läuft. Das direkt unterhalb der Bremsscheibe angeordnete Spurlager ist so eingerichtet, daß sowohl ein gewöhnliches Gleitspurlager als auch eine Kugelspur eingebaut werden kann.

Die Umdrehungen der Turbinenwelle werden mit dem erwähnten elektrischen Kontaktapparat und der Sekundenuhr gezählt. Zu diesem Zweck ist über der Turbinenwelle eine Kontaktscheibe befestigt, auf welcher zwei an einem ruhenden Gasrohrarm befestigte, federnde Messingbügel gleiten. Über die halbe Dauer jeder Umdrehung werden durch auf der Kontaktscheibe befestigte ringförmige Messingscheiben die beiden

Fig. 23. Ansicht des oberen Versuchsraumes.

Bügel leitend verbunden, so daß der Magnet am Registrierapparat den Schreibstift anzieht und die Umdrehung auf dem Papierstreifen markiert.

Über die Gleichmäßigkeit der Drehungsbewegung, den Beharrungszustand während der Versuchsdauer gewinnt man durch den Vergleich der Längen der einzelnen Strecken, welche auf dem gleichmäßig fort-

Fig. 24 und 25. **Bremswelle** mit Kugellagern und **600** er Bremse.

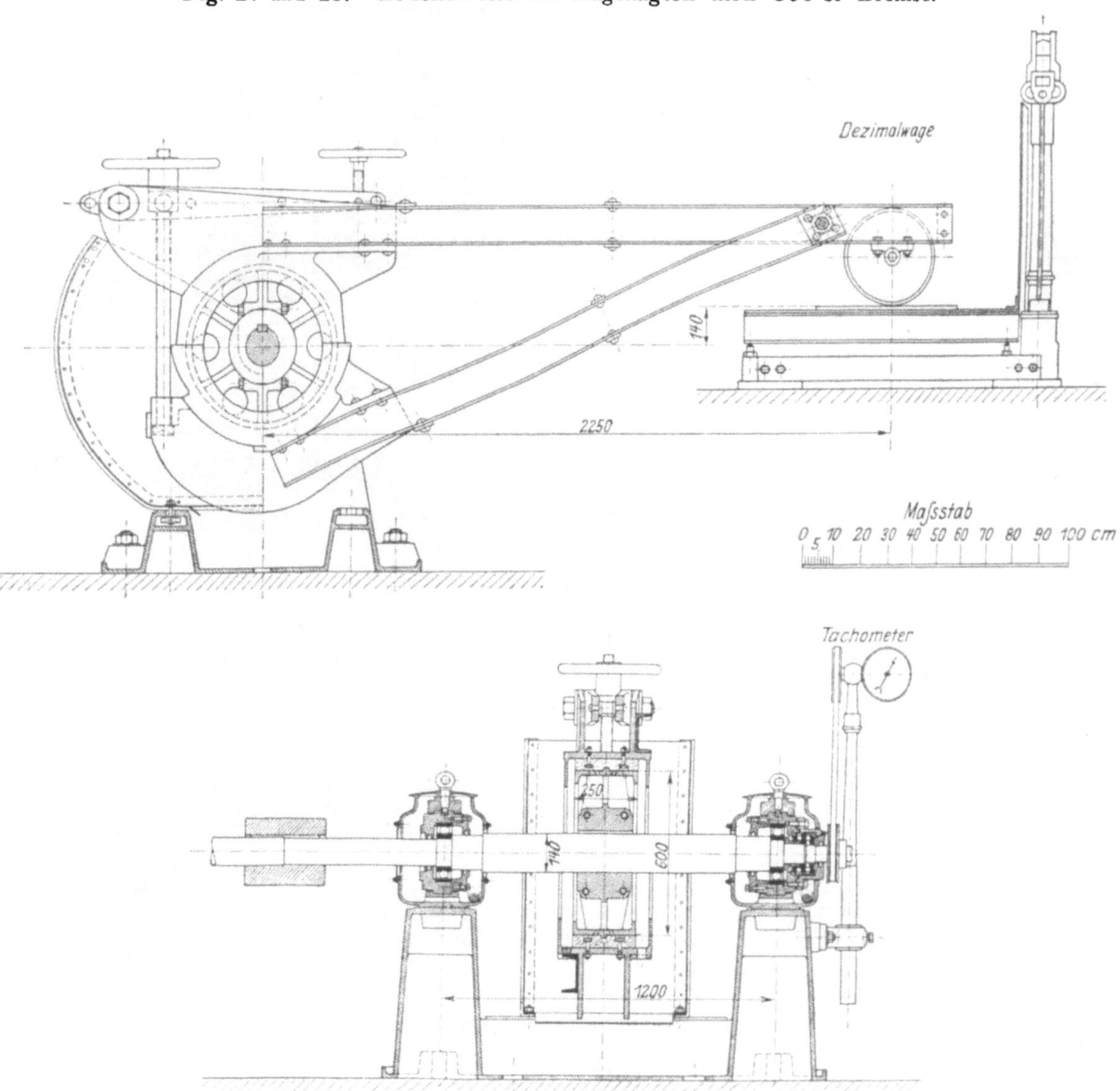

schreitenden Papierstreifen des Apparates jede Umdrehung darstellen, sofort ein Urteil. Ein an der Wand befestigtes, von der Turbinenwelle aus angetriebenes Tachometer zeigt die jeweilige Umdrehungszahl direkt an.

Turbinen mit liegender Welle, welche zu Versuchen eingebaut werden, haben im allgemeinen höhere Tourenzahlen, und es genügt deshalb zum Abbremsen derselben ein kleinerer Bremsapparat. Der bisher in der Versuchsanstalt benützte und schon seit 1901 bei Turbinenbremsungen ver-

Fig. 26. Ansicht des unteren Versuchsraumes.

wendete Zaum mit einer Bremsscheibe von nur 600 mm Durchmesser und 200 mm Breite (Fig. 24 und 25) gestattet, Leistungen bis zu 120 PS bei einer kleinsten minutlichen Umdrehungszahl von 120 abzubremsen, und ist auch schon für 800 Touren in der Minute benützt worden.

Wie der große, oben beschriebene Apparat hat auch diese Bremse innere Wasserkühlung. Der Zaum, an dessen gußeisernem Gehäuse die hölzernen Bremsklötze angeschraubt sind, ist scherenförmig ausgebildet und hat nur eine Spindel mit Hebelübersetzung und zwei Handrädern für grobe und feine Regulierung. Die Rolle am Ende des Hebelarms ist so angebracht, daß die Brücke der Dezimalwage, auf welche diese Rolle drückt, über dem Wellenmittel liegt. Es wird dadurch eine gewisse, wenn auch geringe Selbstregulierung erreicht, da der Hebelarm beim Ausschlag nach unten, d. h. wenn die abgebremste Turbine momentan eine größere Kraft ausübt, um ein geringes Maß länger wird und infolgedessen bei gleichem Wagedruck auch einem etwas größeren Drehmoment das Gleichgewicht hält.

Zur Verlängerung der Turbinenwelle in den Versuchsraum hinein wird eine in zwei Kugellagern liegende Welle (Fig. 25 und 26) verwendet, deren Reibungsarbeit stets unbedenklich vernachlässigt werden kann. Um den Achsialschub der Versuchsturbine aufzunehmen, ist am Wellenende ein doppelseitiges Drucklager angeordnet.

Zum Tourenzählen wird auf die Turbinenwelle eine Kontaktscheibe aufgesetzt, welche wieder während der Hälfte einer Umdrehung den Batteriestrom des elektrischen Registrierapparates schließt. Am Lagerrahmen der Bremswelle ist ein durch Hanfgurt angetriebener, normaler Tourenanzeiger befestigt, der die minutliche Umdrehungszahl direkt abzulesen gestattet und beim Einstellen der Versuchsturbine auf eine bestimmte Tourenzahl gute Dienste leistet. Das freie Ende der Bremswelle ist weiterhin für die Aufnahme eines Mitnehmerstiftes zum Antrieb eines mechanischen Umlaufzählers eingerichtet, um bei längerer Versuchsdauer auch die Zahl der Umdrehungen während des ganzen Versuchs zählen zu können.

Das im unteren Versuchsraum benötigte Kühlwasser kann, wie schon erwähnt, entweder direkt aus dem Oberwasser oder auch aus dem Reservoir im Dachstock entnommen werden.

e) Regulatorversuche.

Als zur Versuchsanlage gehörig seien hier noch die Einrichtungen für Regulatorversuche angeführt. Es lassen sich solche Versuche, welche die Möglichkeit plötzlicher Belastungsänderungen zur Voraussetzung haben, nur im Anschluß an eine elektrische Anlage vornehmen und es werden in Hermaringen die beiden Betriebsaggregate hiezu benützt. Jeder der beiden Generatoren kann für sich und getrennt vom Leitungsnetz auf drei Wasser-

Fig. 27 und 28. Wasserwiderstand.

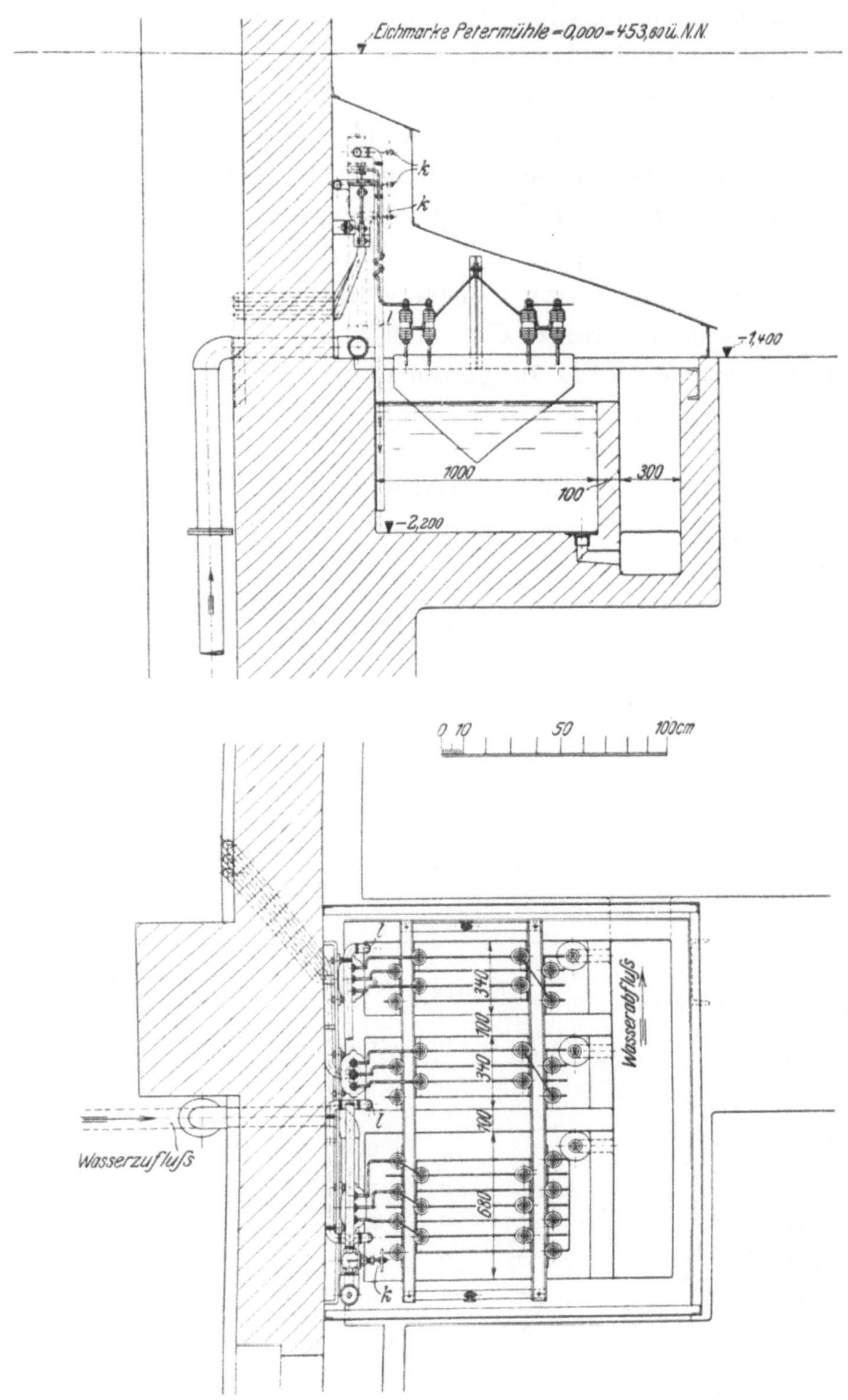

widerstände geschaltet werden, die außerhalb des Gebäudes bei W, Tafel I, angebracht sind. Die drei Wasserwiderstände (Fig. 27 und 28) bestehen aus Eisenblechen, die in betonierte, mit Wasser gefüllte Gefäße eintauchen und gestatten, einen Generator voll mit 140 KW zu belasten. Das Wasser fließt jedem Gefäß getrennt durch die Röhren l zu und die Menge des Wassers ist mit den Ventilen k regulierbar. Die Widerstände sind so bemessen, daß der eine die halbe Last und die zwei anderen je $^1/_4$ Last aufnehmen können. Mittelst der auf dem Schaltbrett angebrachten vier Schalter können alle wichtigen Be- und Entlastungen nach untenstehendem Schema ausgeführt werden. Die Tourenänderungen werden durch einen von der Turbinenwelle angetriebenen Tachograph aufgezeichnet.

Um die Versuche auch mit verschiedenen Schwungmassen durchführen zu können, besitzt der Generator II ein Schwungmoment von $GD^2 = 5500$ kgm², während beim Generator I nur ein ausnahmsweise kleines $GD^2 = 4500$ kgm² im Rotor eingebaut ist.

Belastungswiderstände.

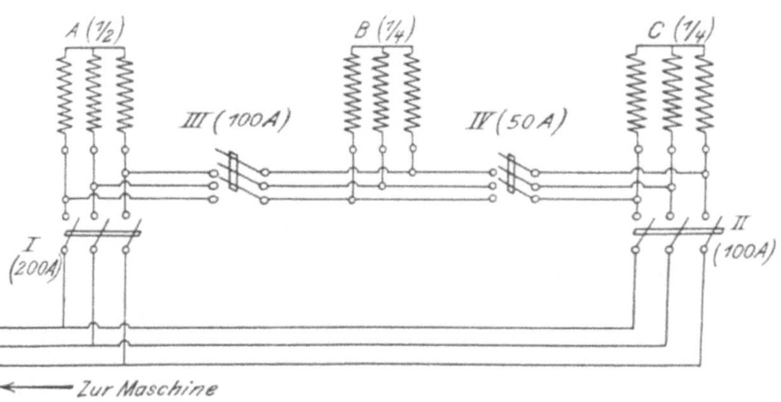

Verlangte Belastungs-Änderung.	Stellung der Schalter. I	II	III	IV	Bedienung. Öffnen bezw. Schließen des Schalters.
$^1/_1 - 0 - ^1/_1$	—	o	g	g	I
$^1/_1 - ^1/_4 - ^1/_1$	—	g	g	o	I
$^1/_1 - ^1/_2 - ^1/_1$	g	o	—	g	III
$^1/_1 - ^3/_4 - ^1/_1$	g	o	g	—	IV
$^3/_4 - 0 - ^3/_4$	—	o	g	o	I
$^3/_4 - ^1/_4 - ^3/_4$	—	g	o	o	I
$^3/_4 - ^1/_2 - ^3/_4$	g	—	o	o	II
$^1/_2 - 0 - ^1/_2$	—	o	o	o	I
$^1/_2 - ^1/_4 - ^1/_2$	o	g	o	—	IV
$^1/_4 - 0 - ^1/_4$	o	—	o	o	II

Anmerkung: In der Rubrik „Bedienung“ ist der Schalter angegeben, durch dessen Betätigung die jeweilig verlangte Belastung hergestellt wird, wenn alle übrigen Schalter nach der Tabelle „Stellung der Schalter“ vorher eingestellt waren. Hierin bedeutet „o“ = offen, „g“ = geschlossen.

3. Betriebsanlage.

Wie schon auf Seite 5 erwähnt ist, wurden in der Primärstation zur Ausnützung der Wasserkraft 2 Turbinen für je 3,5 cbm/sec. aufgestellt, die beim Normalgefälle von 5,41 m je 200 PS maximal leisten.

Die Turbinen sind Francis-Zwillings-Turbinen mit liegender Welle, deren Laufräder einen Eintrittsdurchmesser von 700 mm besitzen. Die Umdrehungszahl ist 215 in der Minute. Jede Turbine ist in einem offenen, betonierten Wasserkasten eingebaut, und die Welle geht direkt in den Maschinenraum hinein, um dort mit einem Drehstromgenerator gekuppelt zu werden (Tafel I und II und Fig. 29).

Der Turbinenregulator ist ein hydraulischer Öldruckregulator mit eingebauter Zahnradpumpe, mit nachgiebiger Rückführung und Tourenverstellung vom Schaltbrett aus. Da nur bei gutem Wasserstand die Leistung der beiden Turbinen für den Fabrikbetrieb ausreicht und sonst stets eine Dampfmaschine in Heidenheim mitarbeiten und dann diese die Tourenregulierung übernehmen muß, ist es zweckmäßig, die Turbinen über diese Zeit so einzustellen, daß sie bei größtmöglichem Gefälle immer das ganze jeweils ankommende Wasser verarbeiten. Zu diesem Zweck sind beide Turbinenregulatoren mit einer Schwimmervorrichtung ausgerüstet, durch welche, unter Ausschaltung der Tourenregulierung, die Leitapparate der Turbinen jeweils so weit geöffnet werden, daß der Oberwasserspiegel konstant auf der Höhe der Wehrkrone gehalten wird.

Die Generatoren erzeugen Drehstrom von 50 Perioden und 500 Volt Spannung und sind für eine Normalleistung von je 140 KVA gebaut. Auf den verlängerten Generatorwellen sitzen die Erregerdynamos für 110 Volt Gleichstrom. Zur Übertragung nach Heidenheim wird die Spannung des Drehstroms in zwei gleich großen Öltransformatoren auf 10 000 Volt erhöht und es sind die letzteren hinter dem Schaltbrett, das die erforderlichen Instrumente und Schalter zur Spannungs- uud Leistungsmessung sowie zum Parallelschalten der beiden Aggregate besitzt, im Hochspannungsraum aufgestellt.

Über diesem Raum sind im Leitungsturm die Hochspannungssicherungen und Blitzschutzvorrichtungen untergebracht.

Um die Betriebsturbinen in einwandfreier Weise bremsen und auch den Wirkungsgrad der Generatoren einschließlich Luft- und Lagerreibung auf einfachem und sicherem Wege feststellen zu können, ist die Einrichtung für die Turbine II so getroffen, daß deren Wasser durch den Wassermeßkanal und die in der Wand zwischen Schacht II und dem Versuchsschacht freigelassene Öffnung M, welche für gewöhnlich durch einen Blechdeckel verschlossen ist, zufließen kann. Die Öffnungen der Tragringe T_1 und T_2 im Boden und der Querwand des Versuchsschachtes

Fig. 29. Maschinenraum mit den Generatoren und den Turbinenregulatoren.

werden bei diesen Versuchen durch Deckel wasserdicht zugemacht. Die Wassermessung kann dann mit Schirm erfolgen, und zur Leistungsmessung wird bei k ein Bremszaum auf die Turbinenwelle aufgesetzt. Es ist zu diesem Zweck eine Aussparung im Boden freigelassen und eine Fundamentplatte zur Anbringung eines zweiten Lagers für die Turbinenwelle, welche dabei vom Generator losgekuppelt wird, im Boden einbetoniert.

Auf diese Weise kann einmal durch mechanische Bremsung der Wirkungsgrad der Turbine allein und dann durch elektrische Messung, wobei der Generator mittelst des Wasserwiderstandes belastet wird, der gesamte Wirkungsgrad des Aggregates bei den verschiedenen Beaufschlagungen bestimmt werden.

Die Fig. 30 gibt das Schaltungsschema der Zentrale und Fig. 31 das der Sekundärstation wieder.

Zu erwähnen ist noch, daß von dem Voithschen Elektrizitätswerk auch an die Gemeinde Hermaringen Strom für Licht und Kraft abgegeben wird. Da mit Rücksicht auf die Versuchsanstalt großer Wert auf volle Unabhängigkeit gelegt werden mußte, ließ sich die Stromlieferung an fremde Abnehmer nur ermöglichen, nachdem durch Erstellung der hydraulischen Akkumulierungsanlage eine gegenseitige Aushilfe geschaffen war.

Die Hochspannungsleitung von Hermaringen in die Fabrik in Heidenheim besitzt eine Gesamtlänge von 11,8 km. Sie überschreitet dreimal die Bahnlinie Heidenheim—Ulm, dreimal die Brenz und weist eine große Zahl von Straßenkreuzungen auf.

Die Leitung führt über zwei Anhöhen hinweg, welche sich etwa 70 m über der Talsohle erheben, und geht auf einer Strecke von 1000 m Länge durch Wald. Bei der Leitungsführung wurde darauf gesehen, möglichst viel über Gemeindeland zu kommen (es kamen fünf verschiedene Gemeinden in Betracht), da es bei den über Privateigentum führenden Strecken mit großen Schwierigkeiten verknüpft war, die Erlaubnis zum Aufstellen der Masten von den Besitzern zu erhalten.

Mit der aus vier Gutshöfen bestehenden kleinen Gemeinde Bernau, auf deren Feldern eine größere Anzahl Masten zu stehen kamen, wurde ein Sonderabkommen in der Weise getroffen, daß den Gutsbesitzern als Gegenleistung elektrischer Strom nach einem billigen Tarif abgegeben wurde. Es war zu diesem Zweck eine kurze 230 m lange Zweigleitung und die Erstellung einer Transformatorenstation erforderlich.

Die 3 Kupferdrähte für die Hochspannungsleitung besitzen je 16 qmm Querschnitt und sind in der Hauptsache an imprägnierten Holzmasten befestigt.

An fast sämtlichen Weg- und Bahnüberschreitungen sind statt des Kupfers Siliciumbronzedrähte von höherer Festigkeit verwendet worden, und zwar wurden dieselben stets über vier Maste weggeführt, so daß die

Lötstellen sich erst je nach dem zweiten rechts und links von der betreffenden Kreuzung stehenden Mast befinden.

Bei den wichtigen Kreuzungsstellen mit der Bahn und den Hauptstraßen sind eiserne Gittermaste aufgestellt und wie bei allen Überführungen die Maste unterhalb der Leitungsdrähte durch einen Stahldraht miteinander verbunden worden. Es soll der letztere verhindern, daß beim Bruch eines

Fig. 30. Schaltungsschema der Primärstation.

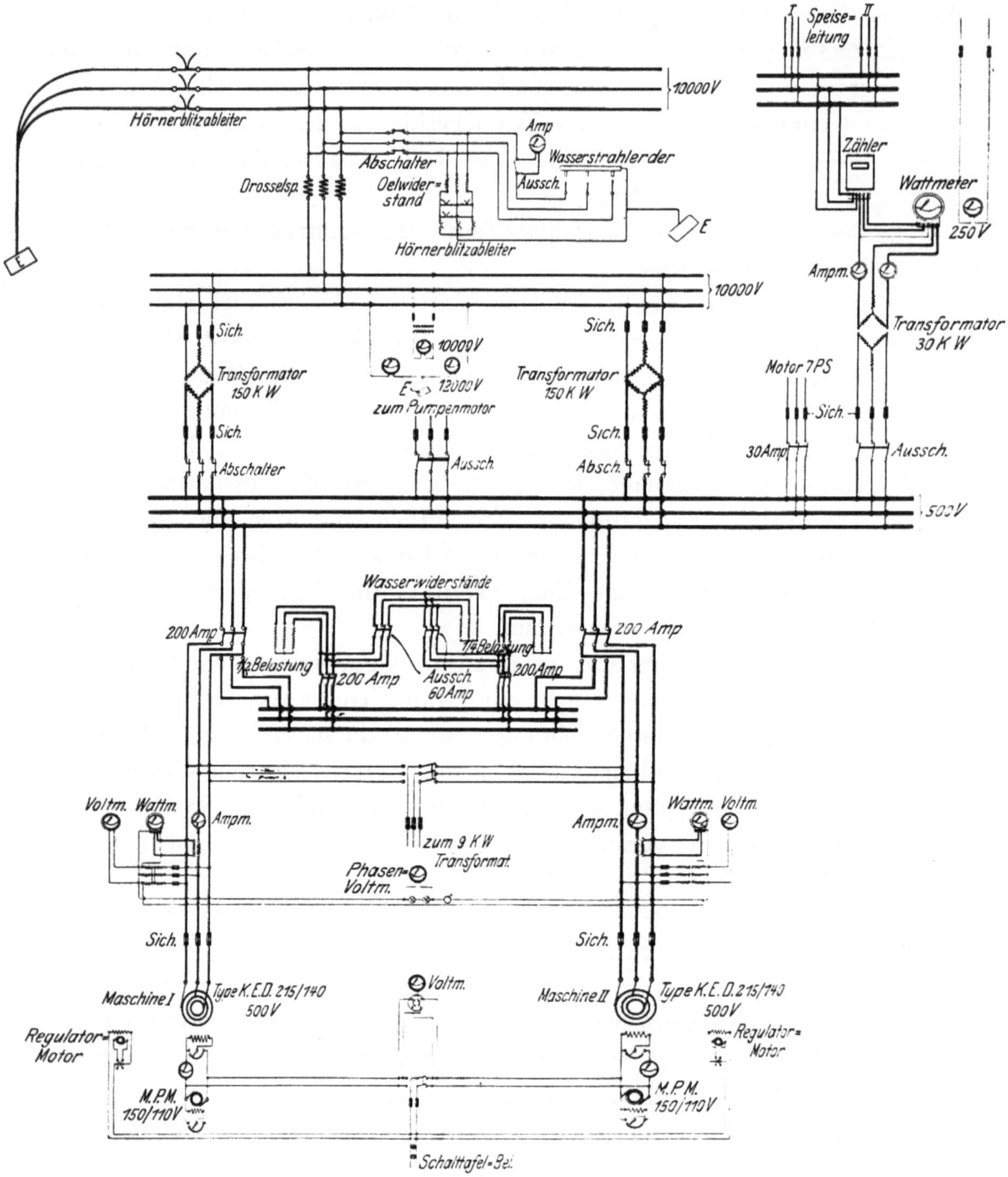

Leitungsdrahtes und des dabei eintretenden plötzlichen Nachlasses der Spannung auch die anderen Drähte zerrissen werden.

Die Anbringung von Schutznetzen unter der Hochspannungsleitung

Fig. 31. Schaltungsschema der Sekundärstation.

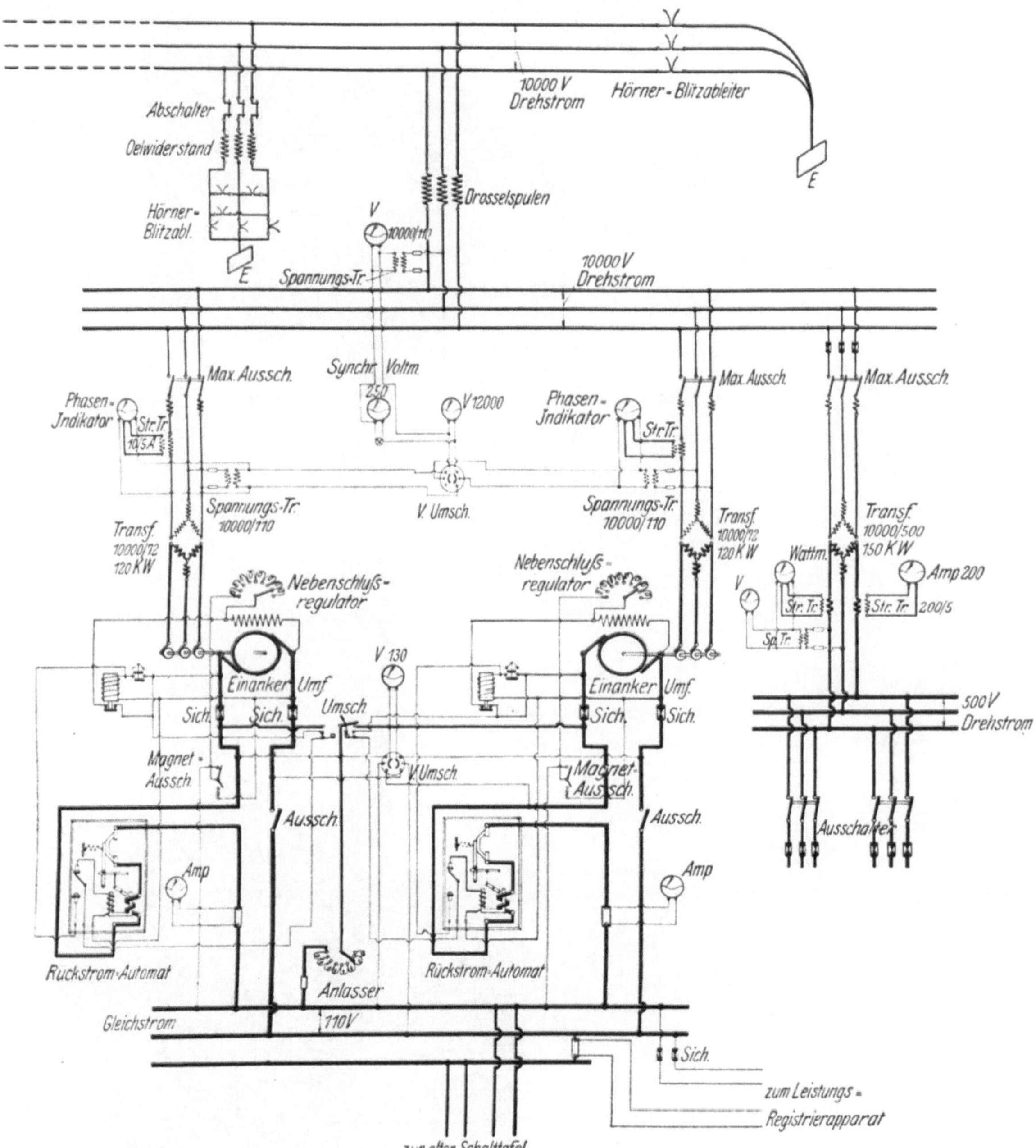

wurde nach Möglichkeit vermieden, da dieselben eine sehr starke Belastung der Maste bedeuten und erfahrungsgemäß dadurch vielfach zu Betriebsstörungen Veranlassung geben können.

Fig. 32. Maschinenraum der Sekundärstation.

Alle Maste sind in der üblichen Weise unten mit Stacheldraht umhüllt und mit Warnungstafeln versehen.

Auf der ganzen Leitungsstrecke ist ein Blitzschutz nicht vorhanden und es wird die Anlage also nur in der Primär- und Sekundärstation gegen atmosphärische Entladungen geschützt.

Die Sekundärstation der Kraftübertragungsanlage war natürlich möglichst direkt neben dem in der Fabrik von J. M. Voith bestehenden Maschinenhaus zu errichten und es konnte auch ein Anbau so erstellt werden, daß sich nach Herausbrechen einer Wandöffnung ein gemeinsamer Maschinenraum ergab.

Die vorhandene Dampfzentrale umschließt zwei liegende Dampfmaschinen von 300 und 150 PS Normalleistung, die je eine Schuckertsche Gleichstromdynamo von 110 Volt Spannung mittelst Seilübertragung antreiben.

An dem Betrieb der Fabrik mit Gleichstrom konnte nicht viel geändert werden und es ist deshalb der gesamte von der Wasserkraftzentrale kommende Drehstrom in Gleichstrom umzuformen, da bei gutem Wasserstand Monate hindurch der Kraftbedarf der Fabrik durch Hermaringen gedeckt werden kann. Bei Neuaufstellung von Motoren wird jetzt, wenn es irgend geht, zu Drehstrommotoren gegriffen, um die bei der Umformung in Gleichstrom sich ergebenden Verluste zu vermeiden. Es ist für diese Sekundärleitungen eine Spannung von 500 Volt gewählt worden.

Aus diesen Verhältnissen heraus ergab sich die Aufstellung von zwei Einankerumformern von je 115 KW Leistung und den dazu gehörigen beiden Transformatoren, sowie die Anschaffung eines weiteren Transformators für 10 000 auf 500 Volt zur Erzeugung nieder gespannten Drehstroms. Die Unterteilung in zwei Aggregate bei den Einankerumformern entspricht den zwei Turbinen mit Generatoren in Hermaringen und hat seine Ursache in den wechselnden Wassermengen der Brenz und dem besseren Gesamtwirkungsgrad, welcher dadurch bei kleinen Wasserständen erzielt werden kann.

Die Transformatoren und die gesamten Hochspannungsapparate sind im Souterrain unter dem Maschinenraum aufgestellt, während dann in diesem selbst die Schalttafel und die beiden Umformer stehen, von welchen die Fig. 32 eine Ansicht wiedergibt.

B. Hydraulische Akkumulierungsanlage und Versuchsstation „Brunnenmühle“.

1. Allgemeine Verhältnisse.

Wie schon eingangs erwähnt, führte die Notwendigkeit der Schaffung einer Versuchsstation für Hochdruckturbinen und Regulatoren in Verbindung mit Rohrleitungsturbinen, sowie die Forderung der vollen Ausnützung der Hermaringer Wasserkraft zur Erwerbung der Brunnenmühle und Erstellung der Akkumulierungsanlage.

Wenn auch in erster Linie die Versuchsstation den Anstoß zur Erstellung dieser Neuanlage gab, so ist doch auch der Wert der vollen Wasserkraftausnützung durch die hydraulische Aufspeicherung trotz des wenig guten Gesamtwirkungsgrades nicht zu unterschätzen, besonders wenn man die dadurch gewonnene große Anpassungsfähigkeit an den wechselnden Kraftbedarf der Fabrik berücksichtigt.

Die Lage der Brunnenmühle (Fig. 33) ist für die Akkumulierungsanlage und Versuchsstation in hervorragender Weise geeignet, da sie nicht weit vom Voithwerk entfernt, am Fuße einer steil abfallenden Anhöhe liegt, deren höchster Punkt sich 97,5 m über dem Brenzwasserspiegel befindet.

Das Wasser der Brenz wird in Heidenheim durch verschiedene textile Industrien so stark verunreinigt, daß es ausgeschlossen war, dasselbe für die Akkumulierung als Energieträger zu benützen. Es war deshalb sehr günstig, daß innerhalb des bisherigen Mühlgebäudes beim Absenken eines Brunnens eine Quelle zutage trat, welche ganz klares und reines Wasser in genügender Menge liefert und sich dadurch die für hydraulische Akkumulierungsanlagen vielfach schwierige Frage der Wasserbeschaffung in einfacher Weise löste.

Die Brunnenquelle selbst, welche ganz nahe beim Maschinenhaus entspringt, treibt nur 40 m von ihrem Ursprung entfernt eine Turbine, welche

Fig. 33. Lageplan der Anlage Brunnenmühle.

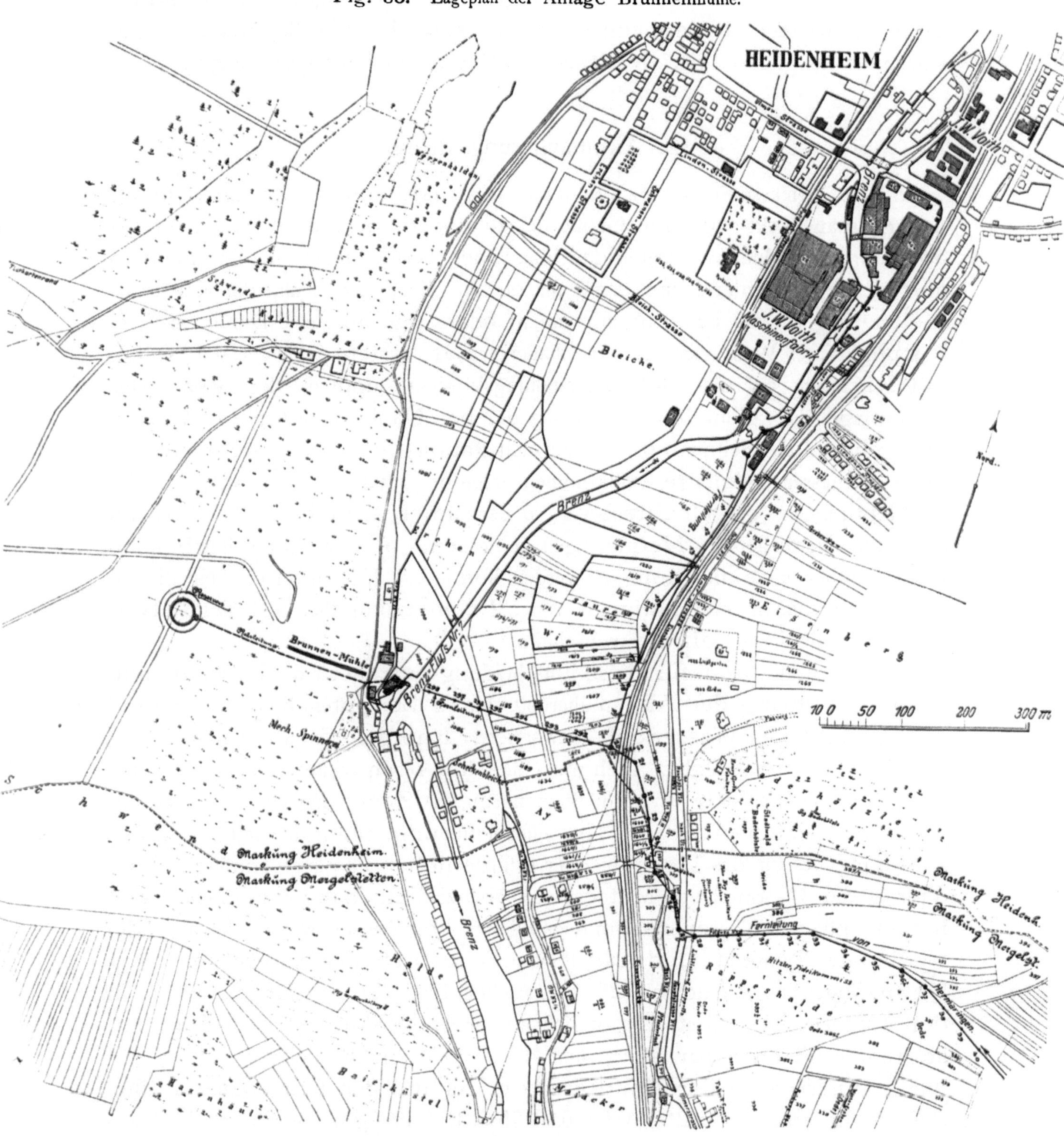

seither zum Betrieb der Mahlmühle diente und bei 1,8 m Gefälle und 2,0 cbm sekundlichem Wasserdurchgang eine größte Leistung von 38 PS besitzt. Die mittlere Wassermenge der Quelle ist mit 1500 Sekundenlitern im Jahresdurchschnitt ebenso groß wie diejenige der Brenz, welcher das Wasser direkt nach dem Austritt aus der Turbine zufließt.

Im Anschluß an die Betriebsanlage in Hermaringen und die Kraftübertragung nach Heidenheim möge hier zunächst die Beschreibung der ebenfalls dem Fabrikbetrieb dienenden Akkumulierungsanlage folgen.

2. Akkumulierungsanlage.

Die Bemessung einer hydraulischen Akkumulierungsanlage hängt naturgemäß direkt von der Größe der zu akkumulierenden Wasserkraft ab, doch war bei dem wechselnden Stand der Kraftquellen in Hermaringen und der Brunnenmühle zu erwägen, ob es sich empfiehlt, die Kraftaufspeicherung für das Leistungsmaximum oder nur für eine Durchschnittsleistung dieser Wasserkräfte auszubauen. Das erstere verbietet sich schon mit Rücksicht auf die hohen Erstellungskosten, und da der Zweck der Neuanlage, die rationelle Ausnützung der bei Nacht abfließenden Wassermengen und die Schaffung der Versuchsstation, auch bei einer nicht so groß bemessenen Anlage vollkommen erreicht wird, wurde die maschinelle Einrichtung und das Hochreservoir so berechnet, daß bis zu 300 PS, an den Turbinenwellen in Hermaringen gemessen, plus 30 PS der Turbine in der Brunnenmühle akkumuliert werden können. Es entspricht dies einem Wasserquantum in Hermaringen von 5,2 cbm sekundlich und liegt etwas über dem mittleren Jahresdurchschnitt.

Ausschlaggebend für diese Entscheidung war noch der Umstand, daß die nach Erstellung der Akkumulierungsanlage bei gutem Brenzwasserstand verfügbare, durch Wasserkraft gewonnene Energie für den Betrieb der Fabrik reichlich ausreicht, auch wenn dieselbe noch weiter vergrößert wird.

Der Fabrikbetrieb umschließt in normalen Zeiten täglich $9^1/_2$ Stunden, so daß $14^1/_2$ Stunden für die Kraftaufspeicherung übrig bleiben. Bei Bestimmung des für das Hochreservoir erforderlichen Fassungsvermögens sind davon die $1^1/_2$ Stunden Mittagspause abzuziehen, da das in dieser Zeit hinaufgepumpte Wasser nachmittags wieder abgelassen werden kann. Bei 13 Stunden Pumpzeit und 240 PS am Schaltbrett der Brunnenmühle von Hermaringen her, zuzüglich 25 elektrischer PS der Niederdruckturbine in der Brunnenmühle selbst, ergibt sich mit 68 % Wirkungsgrad der Pumpenaggregate (Elektromotor 92 % und Hochdruckzentrifugalpumpe 74 %) und 98 % Wirkungsgrad der Rohrleitung eine sekundliche Energie zum Füllen des Hochreservoirs von $265 \cdot 0{,}68 \cdot 0{,}98 \cdot 75 = 13\,240$ kgm. Bei 96,5 m Höhenunterschied zwischen dem Saugwasserspiegel und dem mittleren Wasserspiegel im Hochbehälter können damit $\frac{13\,240}{96{,}5} = 137$ kg oder rund 137 l Wasser in der Sekunde hinaufgepumpt werden. Bei 13 Stunden Pumpzeit berechnet sich damit der Inhalt des Reservoirs zu $13 \cdot 3600 \cdot 0{,}137 = 6410$ cbm, was für die Ausführung auf 7000 cbm erhöht wurde. Dabei ist die über die Sonntage erheblich längere Pumpzeit nicht berücksichtigt worden. Dieselbe kann aber natürlich bei Kleinwasser voll ausgenützt werden und trägt nicht unwesentlich dazu bei, die Vorteile der Akkumulierungsanlage zu vergrößern.

Unter Berücksichtigung der im Laufe des Jahres stark wechselnden Leistung des Hermaringer Werkes ergab sich die Notwendigkeit, zwei Pumpenaggregate aufzustellen, um dadurch den durchschnittlichen Wirkungsgrad der Akkumulierung möglichst hoch zu bekommen. Da je nach dem Beschäftigungsgrad in der Fabrik während der Nachtstunden eine Kraft von 30—70 PS benötigt wird und dann bei Kleinwasser die zum Pumpen verfügbare Kraft sehr weit heruntergehen kann, wurden zwei verschieden große Pumpen gewählt und zwar die kleine Pumpe für 80 PS und die große Pumpe für 160 PS normalen Kraftbedarf.

Die Hochdruckturbine, welche vom Hochbehälter den Tag über gespeist wird und die aufgespeicherte Wassermenge wieder in Pferdekräfte umsetzt, ist so stark zu bemessen, daß sie auch hohe Belastungsspitzen im Fabrikbetrieb noch wegzunehmen gestattet. Die Größe ist aber anderseits dadurch beschränkt, daß der Wirkungsgrad sowohl der Turbine als auch des mit ihr gekuppelten Drehstromgenerators bei zu kleiner Belastung stark abfällt. Für die Brunnenmühle wurde die Hochdruckturbine zu 240 PS Normalleistung gewählt.

Die das Hochreservoir mit dem Maschinenhaus verbindende Rohrleitung ist 340 m lang und wurde mit einer lichten Weite von 400 mm ausgeführt.

Für die Hochdruckturbine ergab sich eine rationelle Tourenzahl von 500 in der Minute, und da die Zentrifugalpumpen erheblich höhere Umdrehungszahlen verlangen, konnte nicht daran gedacht werden, Pumpe und Turbine mit dazwischen eingebauter Dynamo in ein Aggregat zu vereinigen, wie dies bei der Akkumulieranlage Olten-Aarburg (Zeitschrift für das gesamte Turbinenwesen, Jahrgang 1907, Seite 334) der Fall ist, besonders da auch noch, wie gesagt, zwei Pumpenaggregate gewählt werden mußten.

Die Anordnung der drei Aggregate und der Niederdruckturbine, welche einen besonderen, kleinen asynchronen Drehstromgenerator treibt, ist auf Tafel III dargestellt.

Von besonderem Interesse ist der zu erreichende Gesamtwirkungsgrad der Anlage, da von demselben in erster Linie der wirtschaftliche Nutzen der Kraftaufspeicherung abhängt, und es gibt die Fig. 28 ein Bild über den Verlauf desselben bei wechselnder Antriebskraft, wobei sowohl die Kraftaufnahme als -Abgabe am Schaltbrett der Akkumulierungsanlage gemessen ist. Im Mittel ergibt sich nach dieser Kurve ein Wirkungsgrad von 49 %, der gegenüber elektrischer Akkumulierung nicht hoch erscheint, aber doch nicht so nieder ist, daß dadurch die erheblichen Vorteile der hydraulischen Akkumulierung, das sind geringe Unterhaltungskosten und große Anpassungsfähigkeit an stark wechselnde Belastungen, nicht mehr zur Geltung kommen würden.

Der zweite, für die Rentabilität ebenso wichtige Punkt ist der Belastungsfaktor, d. i. hier angenähert das Verhältnis der für die Aufspeicherung zur Verfügung stehenden Zeit zu derjenigen, in welcher die durch Wasserkraft

Fig. 34. Wirkungsgrade der Akkumulierungsanlage.

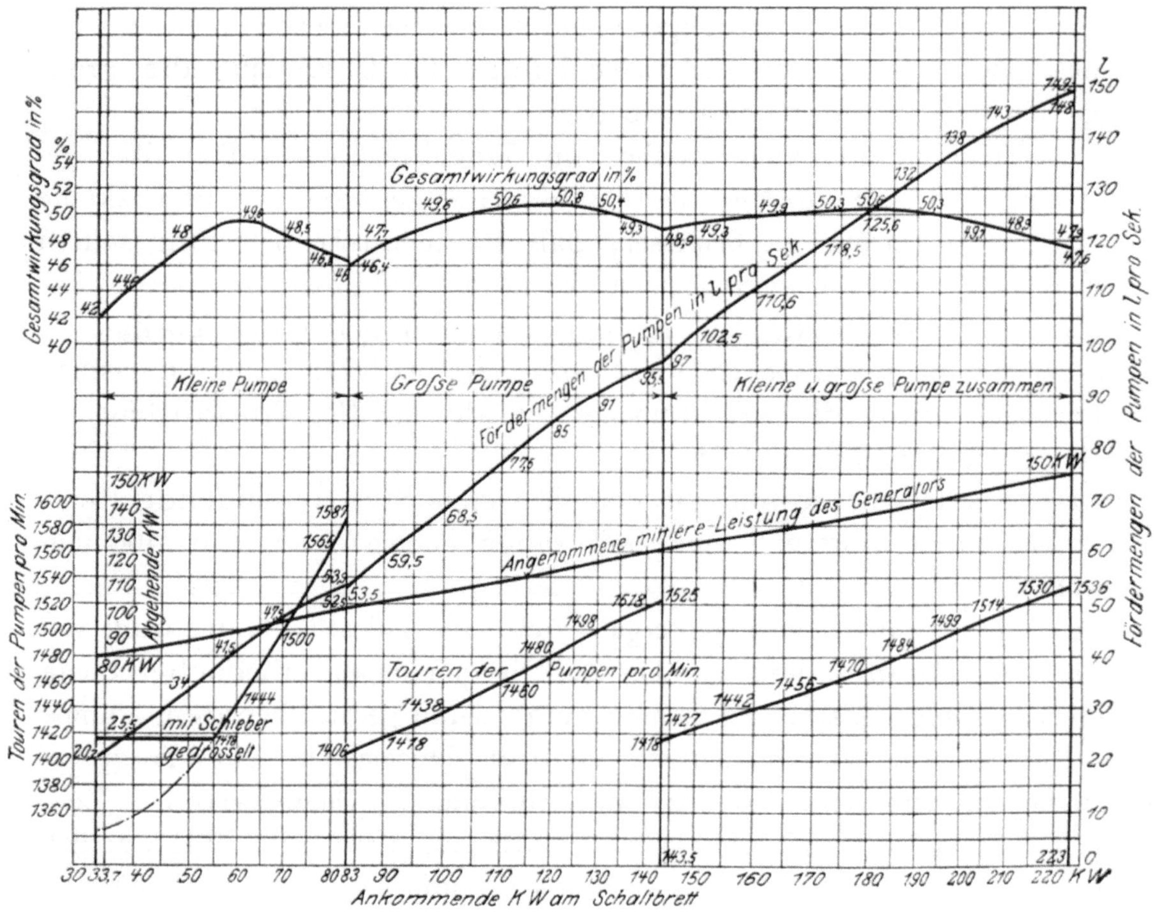

erzeugte Energie direkt verbraucht wird. Beim Fabrikbetrieb stellt sich dieses Verhältnis für die Akkumulierung nicht ungünstig, da, wie schon erwähnt, täglich nur $9^1/_2$ Stunden voll gearbeitet wird und dann, wenigstens bei Kleinwasser, auch die Sonntage zum Pumpen ausgenutzt werden können.

Um nun zur Beschreibung der einzelnen Teile der Anlage überzugehen, sei der Anfang mit dem Hochreservoir gemacht.

Der Untergrund besteht durchweg aus zerklüftetem Jurafels, und es wurde nach reiflicher Überlegung die in Fig. 35 und 36 dargestellte Kreis-

Fig. 35 und 36. Hochreservoir mit Schieberhaus.

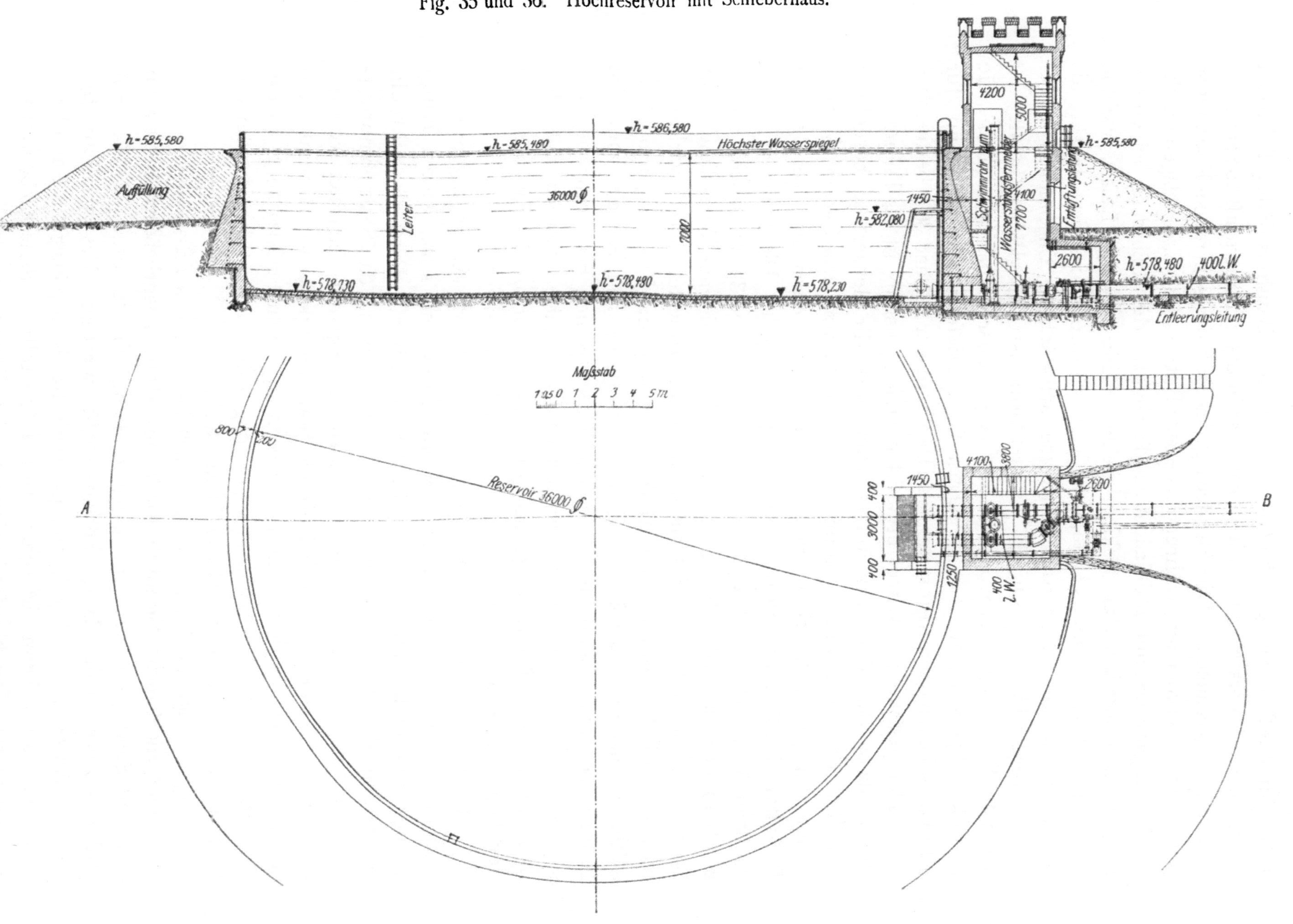

form für das Reservoir gewählt und die von der Baufirma Nöding & Stober in Pforzheim in Vorschlag gebrachte Bauweise in eisenarmiertem Beton zur Ausführung angenommen. Die Herstellung des Behälters in reinem Eisenbeton wäre zu teuer gekommen, während anderseits Beton ohne Eiseneinlagen für die Umfassungsmauern mit Rücksicht auf die Gefahr der Rißbildung bei einem so großen Bauwerk als zu riskiert erschien. Die gewählte Bauart, welche sich als ein mit Eisen verstärkter Beton darstellt, ist nicht teurer als reiner Beton, da infolge der Armierung schwächere Dimensionen zugelassen werden können. Durch die Kreisform ist bei gleichem Inhalt die kleinste Betonmenge erforderlich und Vergleichsrechnungen ergaben die Zweckmäßigkeit der zu 7 m gewählten Wassertiefe, womit sich dann für 7000 cbm Fassungsvermögen der lichte Durchmesser zu rund 36 m bestimmte.

Der gesamte im Mittel etwa 3,4 m tiefe Aushub ist als Damm um die Umfassungswand herum aufgeschüttet und die letztere so berechnet worden, daß sie einmal zusammen mit dem Damm dem inneren Wasserdruck mit genügender Sicherheit widersteht und dann auch bei leerem Behälter den Erddruck von außen her gut aushält. Die Form der senkrechten Mauer und die Lage der Eisen ist aus Fig. 35 ersichtlich, wobei zu bemerken ist, daß der anstehende Fels genügende Widerstandskraft besitzt und nur mit einer 60 cm starken eisenarmierten Schicht verkleidet wurde. Bei der horizontalen Armierung gehen die Eisen ringförmig geschlossen um das ganze Reservoir herum und es sind nur die ganz im Innern der Mauer liegenden Eisen bei der statischen Berechnung berücksichtigt worden, während die senkrechten Eisenstäbe zusammen mit den nahe an der Wandfläche liegenden, schwachen, horizontalen Rundeisen in der Hauptsache zur Verhinderung der Rißbildung dienen.

In der Höhe des obersten Wasserspiegels führt ein Umgang um das Reservoir herum, der konsolartig vorspringt und mit seiner starken Ringarmierung einen kräftigen Reif um den Behälter bildet. Durch die senkrecht stehenden Eisenstäbe, welche noch 30 cm unter die Sohle hinunterreichen, kann die Wand als in den Felsen eingespannt betrachtet werden, wodurch eine weitere Sicherheit für die Standfestigkeit hereinkommt, die aber, wie gesagt, bei der statischen Berechnung nicht berücksichtigt wurde. Der Boden des Behälters wurde kreuzförmig mit 5 mm starken Rundeisenstäben armiert und ist im Mittel 20 cm stark.

Fig. 37 zeigt die Baustelle kurz nach Beginn des Felsaushubs.

Der erforderliche Schotter wurde aus dem ausgehobenen Felsen an Ort und Stelle gebrochen und es mußte lediglich der Sand, der Zement und das Eisen auf den Berg heraufgeschafft werden. Das zum Bau benötigte Wasser wurde durch eine provisorische Rohrleitung aus Gasrohren und eine unten beim Maschinenhaus aufgestellte, kleine Kolbenpumpe heraufgepumpt. Die Niederdruckturbine der Brunnenmühle lieferte über

Fig. 37. Das Hochreservoir bei Beginn des Aushubs.

Fig. 38 und 39. Das Reservoir während des Baues.

die ganze Bauzeit die erforderliche elektrische Energie zum Antrieb dieser Pumpe, des Steinbrechers, der Betonmischmaschine und der verschiedenen Materialaufzüge am Hochbehälter. Die Fig. 38 bis 40 zeigen das Reservoir während des Baues. Fig. 41 stellt dasselbe in gefülltem Zustand dar, während Fig. 42 eine Aufnahme im Innern des Reservoirs ist.

Fig. 40. Das Reservoir während des Baues.

Das letztere Bild zeigt den Rechen vor dem Rohreinlauf. Derselbe besitzt eine Lichtweite von 15 mm zwischen den Flacheisenstäben und ist sehr reichlich bemessen, so daß eine Reinigung nur äußerst selten nötig sein wird.

Die Anordnung im Schieberturm ist in Fig. 35 und 36 gezeichnet.

Fig. 41. Ansicht des gefüllten Reservoirs.

Fig. 42. Aufnahme im Innern des Reservoirs.

Derselbe enthält an der Hauptleitung einen Absperrschieber und eine Drosselklappe, welche von unten elektrisch betätigt und zwar nicht nur geschlossen, sondern auch wieder geöffnet werden kann. Das letztere dient nur dazu,

Fig. 43 und 44. Drosselklappenantrieb und Rohrbruchautomat.

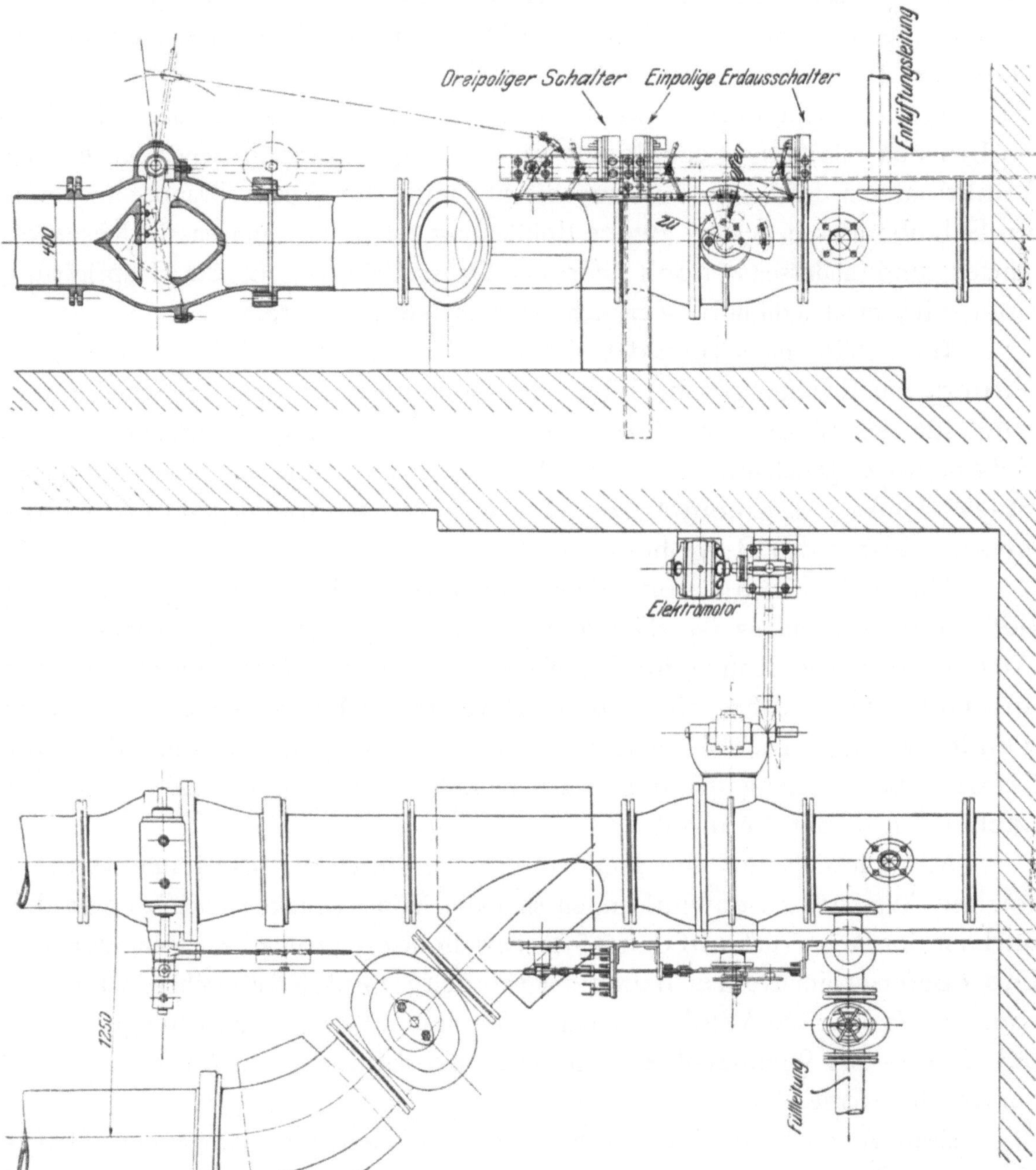

um beim ruhenden Wasser im Rohr jederzeit feststellen zu können, daß der Mechanismus in Ordnung ist.

Die Anordnung des Drosselklappengetriebes und der beiden Endausschalter ist in Fig. 43 und 44 dargestellt, und es ist daraus auch der weiter noch eingebaute Rohrbruchautomat ersichtlich, der bei Überschreitung einer bestimmten Wassergeschwindigkeit in der Rohrleitung durch Betätigen eines neben den Endausschaltern angebrachten dritten Schalters die Drosselklappe schließt.

Der auf der Schalttafel im Maschinenraum angebrachte Umschalter für den Drosselklappenantrieb ist auf der Seite für „Öffnen" für gewöhnlich gesperrt, damit nicht durch Unachtsamkeit des Maschinisten ein folgenschwerer Irrtum beim Einschalten entstehen und die Drosselklappe nicht wieder aufgemacht werden kann, wenn sie bei Versuchen oder bei einem Rohrbruch selbsttätig geschlossen wurde. Signallampen zeigen unten das Funktionieren des Getriebes und die Stellung der Drosselklappe an. Die im Schieberhaus liegende zweite Rohrleitung, welche einerseits im Reservoir endet und anderseits noch vor der Drosselklappe in die Hauptleitung übergeht, dient lediglich Versuchszwecken (siehe später).

Im Schieberhaus befindet sich weiter noch eine Füll- und Leerlaufleitung, ein Entlüftungsrohr hinter der Drosselklappe und ein Schwimmerrohr für den Wasserstandsfernmelder. Zur Betätigung des letzteren ist ein Schwachstromkabel, für den Drosselklappenantrieb und die Beleuchtung ein Starkstromkabel in einem besonderen, von der Rohrleitung zirka 5 m entfernten Graben den Berg herauf gelegt.

Die Rohrleitung von 400 mm Lichtweite liegt durchweg zirka 1 m tief im Boden, und es ist das Profil derselben in Fig. 45 gezeichnet. Mit Ausnahme einiger Rohre im Schieberturm und im Maschinenhaus, welche aus Gußeisen bestehen, sind nur geschweißte, schmiedeiserne Rohre verwendet worden. Die Blechstärke derselben beträgt unten 7 mm, bei der Straßenüberschreitung an der Brunnenmühle sogar 9 mm und stuft sich nach oben bis auf 4 mm ab.

Mit Rücksicht auf die Regulierversuche und die dabei auftretenden, starken Wasserdruckschwankungen sind die Wandstärken reichlich gewählt und ist der Probedruck auf den 3,5fachen ruhenden Druck bemessen worden. Die oberen 4 mm Rohre haben aufgebördelte Gußeisenflanschen, während sonst angeschweißte Winkeleisenflanschen mit Flachgummidichtungen und bei den 7- und 9-mm-Rohren eine Flanschverbindung mit Nut und Feder verwendet wurde.

Zum Ausgleich der beim Verlegen der Leitung auftretenden Differenzen in den Krümmungen wurden einige, durch gegenseitige Verdrehung einstellbare Keilringe eingefügt. Die Rohre sind auf Betonsockeln verlegt und an den Krümmern in Betonklötzen zum Auffangen der Achsialkräfte gelagert. Irgend welche Ausdehnungsvorrichtungen sind in die Leitung nicht eingeschaltet.

Im Maschinenraum (siehe Tafel III und Fig. 46), sind zunächst die zwei Pumpen an die Rohrleitung angeschlossen. Das Wasser fließt dem Saugbassin durch den Kanal K zu und wird im Raum R gefaßt. Der

Fig. 45. Profil der Rohrleitung.

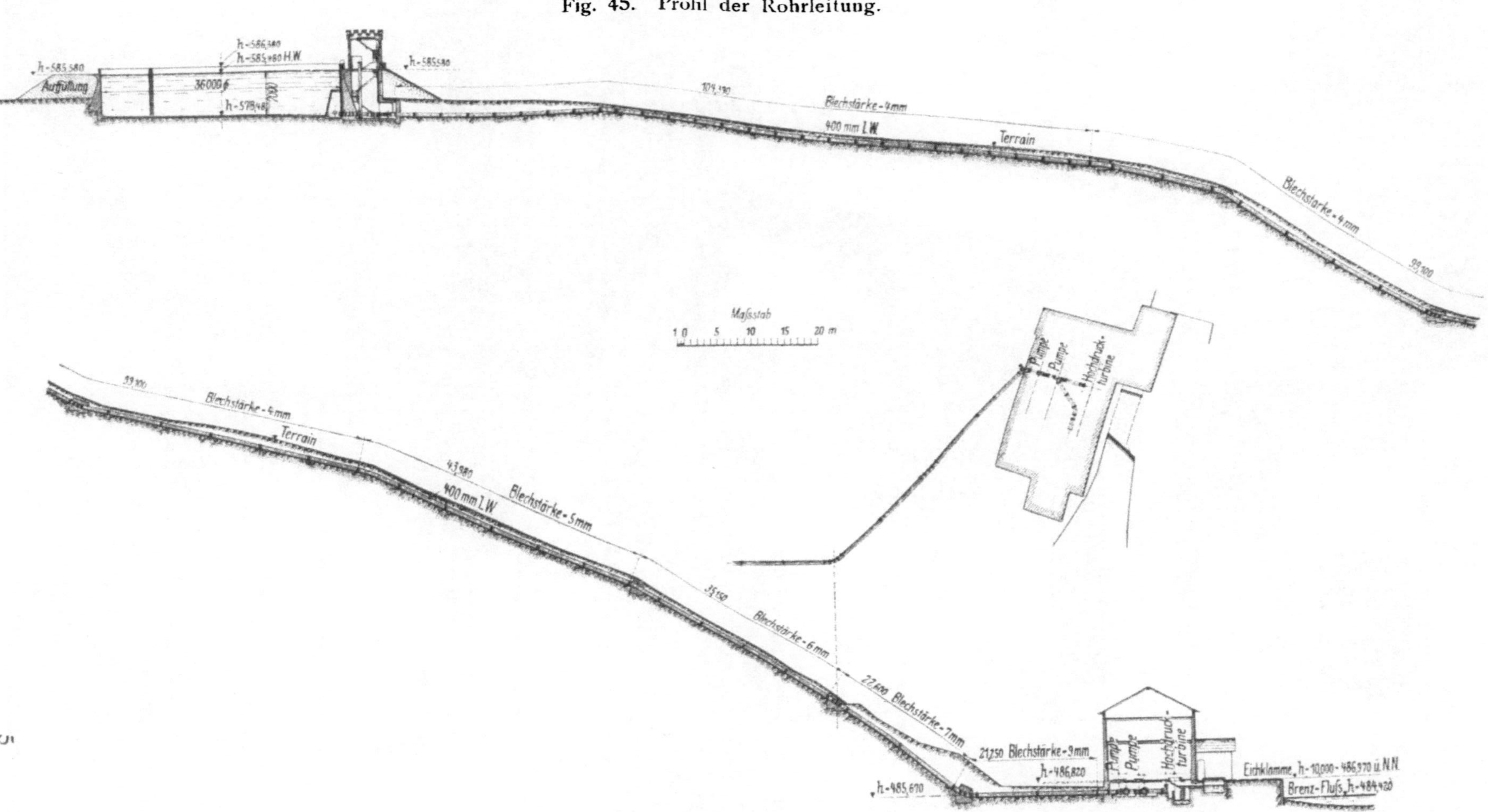

Fig. 46. Die Pumpenaggregate der Akkumulierungsanlage.

Kanal K ist durch eine Schütze absperrbar, und das Saugbassin kann dann nötigenfalls nach dem Unterwasser zu entleert werden. Die große Pumpe fördert bei einer maximalen manometrischen Förderhöhe von 102 m normal 89 l und die kleine 43 l in der Sekunde. Die Pumpen sind von Gebr. Sulzer in Winterthur in der bekannten Konstruktion dieser Firma gebaut, die große 2- und die kleine 3-stufig, und beide besitzen bei Normallast eine Drehzahl von 1500 in der Minute. Jede Pumpe sitzt mit dem Antriebsmotor, einem Kurzschlußankermotor für 500voltigen Drehstrom, auf gemeinsamer Grundplatte und ist mit diesem durch eine elastische Zodel-Voith-Kupplung verbunden.

Das Anlassen der Pumpen erfolgt mit der Hochdruckturbine, indem deren Generator elektrisch mit den Kurzschlußankermotoren verbunden und dann die Turbine in Betrieb gesetzt wird. Die Motoren kommen bei geschlossenem Schieber mit dem Turbinenaggregat allmählich auf ihre richtige Tourenzahl und können, nachdem der Generator mit Hermaringen parallel läuft, durch Umschalten an das Netz gelegt werden, worauf die Hochdruckturbine wieder abgestellt wird. Der etwas kompliziert erscheinende Vorgang spielt sich in Wirklichkeit einfach und bei einiger Übung des Maschinisten sehr rasch ab.

Eine wichtige Frage war die der Tourenregelung beim Pumpenbetrieb, wobei darauf Rücksicht zu nehmen war, daß während der Nachtstunden in der Fabrik meist eine kleinere oder größere Anzahl von Werkzeugmaschinen mitläuft, für welche natürlich die Einhaltung einer einigermaßen konstanten Umdrehungszahl erforderlich ist. Durch Ab- und Zuschalten von Maschinen, durch Benützung der Krane und Aufzüge kommen auch während der Nachtstunden häufig Belastungsänderungen vor, und es wurde, da in Hermaringen zweckmäßigerweise die Einstellung der Turbinen durch die Schwimmer erfolgt und dann die Tourenregulierung ausgeschaltet ist, in Erwägung gezogen, ob nicht Regulatoren für die Pumpen aufgestellt werden müssen. Dieselben hätten die Fördermenge der Pumpen durch Betätigung eines Drosselventils so zu regeln, daß die Drehzahl derselben und damit die des ganzen Systems nahezu konstant bleibt.

Die Hochdruck-Zentrifugalpumpen haben nun aber die günstige Eigenschaft, daß ihr Kraftverbrauch und ihre Fördermenge sehr rasch mit der Drehzahl zunimmt, so daß der Tourenunterschied zwischen halber Last und Vollast bei konstanter Förderhöhe nur zirka 7,5 % beträgt. Wird auch noch die mit dem wechselnden Wasserstand im Hochreservoir veränderliche Förderhöhe in Betracht gezogen, so bleibt trotzdem die gesamte, mögliche Änderung der Drehzahlen innerhalb zirka 11 %. Die plötzlichen Tourenschwankungen werden im praktischen Betrieb innerhalb erheblich engerer Grenzen bleiben, und es wurde deshalb von der Aufstellung besonderer Regulatoren Abstand genommen und die Tourenregulierung ganz den Pumpen überlassen, was sich vollauf bewährte.

Die Hochdruckturbine ist als Freistrahlturbine mit ellipsoidförmigen Schaufeln und zwei Einlaufdüsen konstruiert (Fig. 47 und Tafel III). Sie leistet normal 240 PS bei 500 minutlichen Umdrehungen, kann aber

Fig. 47. Schnitt durch die Hochdruckturbine.

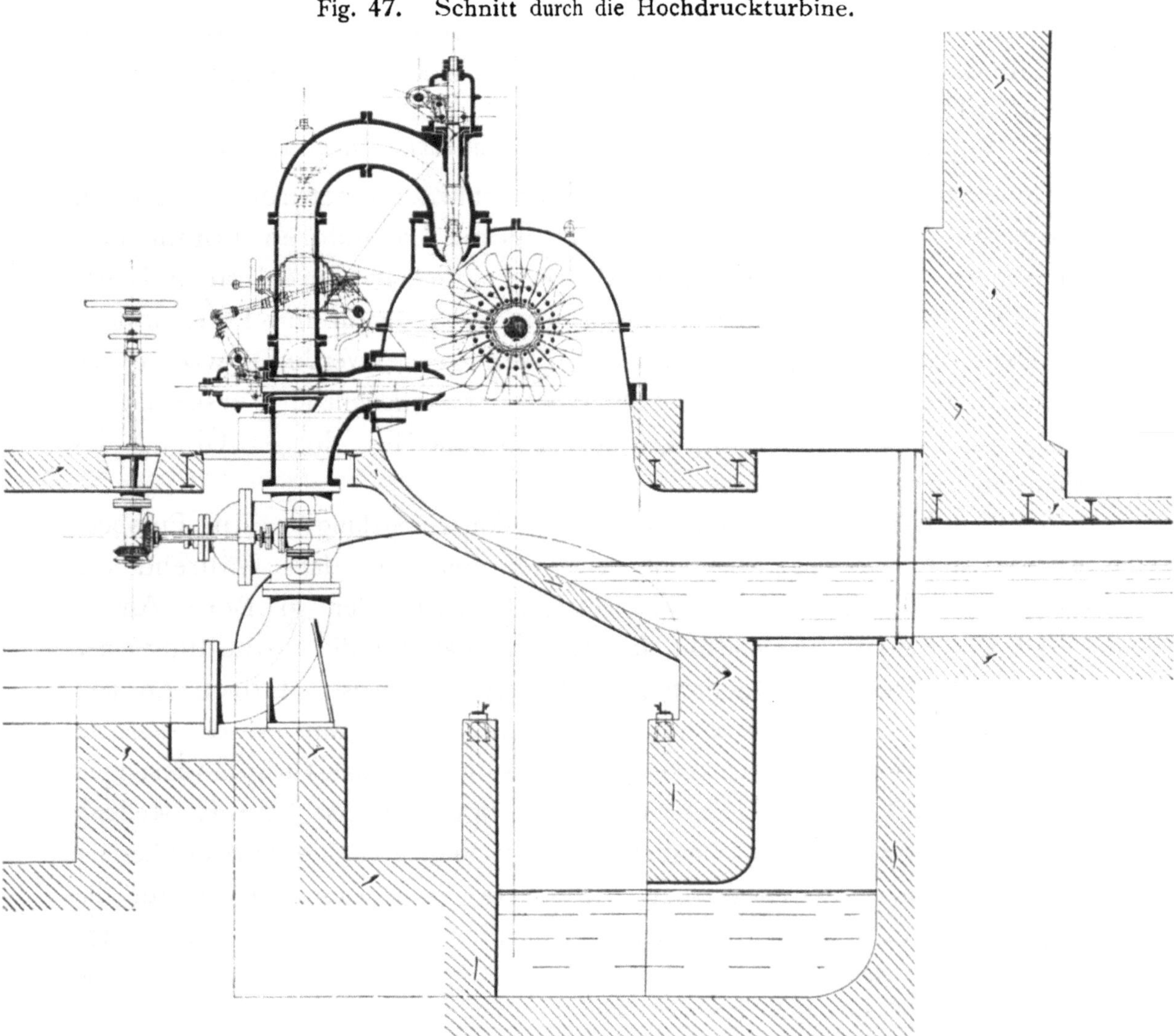

bis zu 290 PS überlastet werden. Der Regulator, welcher dieselbe Konstruktion wie die in Hermaringen aufgestellten Turbinenregulatoren besitzt, betätigt die Nadelregulierung der beiden Einströmdüsen und ist außerdem mit einem Druckregulator verbunden, welcher zu starke Druckschwankungen in der Rohrleitung verhindert. Zur Sicherheit ist mit Rücksicht auf die Regulierversuche auch noch eine Brechplatte angebracht, welche bei Überschreitung eines bestimmten maximalen Druckes dem Wasser einen Ablauf in den Unterkanal freigibt.

Fig. 48. Hochdruckturbine mit Generator.

Fig. 49. Schaltungsschema der Brunnenmühle.

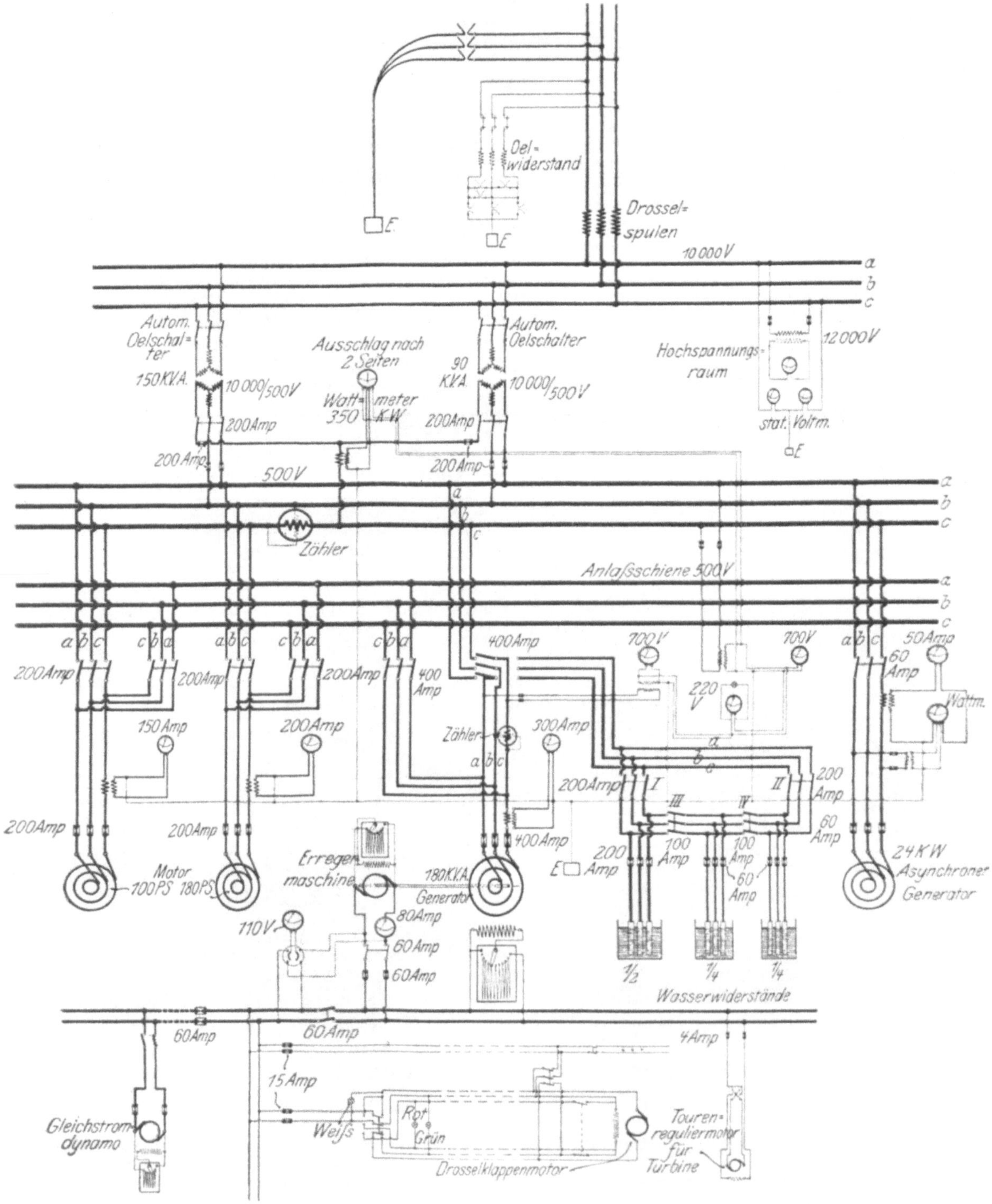

Die Turbine ist mit allen erforderlichen Armaturen, Absperrschieber, Manometer und Tachometer ausgerüstet. Die Tourenzahl kann vom Schaltbrett aus verändert werden.

Die Turbinenwelle trägt auf einer Seite gegen den Versuchsraum zu ein Schwungrad mit Stahlgußkranz und ist auf der anderen Seite mit einem 180 KVA Drehstromgenerator direkt gekuppelt (siehe auch Fig. 48).

Das von der Hochdruckturbine ablaufende Wasser gelangt in das Oberwasserbecken der Niederdruckturbine und wird also in dieser Turbine nochmals ausgenützt.

Durch Freimachen einer großen Maueröffnung befindet sich die Niederdruckturbine, welcher das Wasser der Brunnenquelle zufließt, nunmehr ebenfalls im Maschinenraum.

Es ist dies eine Francis-Turbine mit stehender Welle in der bekannten Voithschen Konstruktion, sie besitzt nur Handregulierung und gibt ihre Energie mittelst Kegelradübersetzung und Riementrieb an einen kleinen asynchronen Drehstromgenerator von 24 KW Leistung ab.

Außerdem treibt dieselbe auch noch eine kleine Dynamo für 110 Volt Gleichstrom, welche nebst der Akkumulatorenbatterie vom Mühlenbetrieb her noch vorhanden ist und jetzt zur Beleuchtung der Zentrale und zur Erregung des großen Drehstromgenerators während der Anlaufperiode dient.

Der elektrische Teil der Akkumulieranlage umfaßt das Schaltbrett mit den erforderlichen Instrumenten, Sicherungen und Schaltern sowie 2 Transformatoren von 90 und 150 KVA Leistung und einer Spannung von 500 auf 10 000 Volt. Auf der Hochspannungsseite jedes Transformators ist ein automatischer Ölschalter eingebaut (siehe Schaltungsschema Fig. 49). Die Transformatoren sind in einem besonderen Raum neben der Schalttafel aufgestellt und in zwei weiteren Stockwerken sind eine Drosselspule und die erforderlichen Blitzschutzvorrichtungen angeschlossen, bevor die Hochspannungsleitung das Gebäude verläßt.

Die Fernleitung geht in gerader Linie von 320 m Länge zu einem eisernen Mast der Leitung Hermaringen—Heidenheim, an welchem ein Streckenschalter eingebaut ist.

Im Maschinenraum befindet sich noch ein Zeigerwerk nebst Registriervorrichtung für den Wasserstandsfernmelder sowie das Betriebstelephon, welches sowohl mit der Fabrikzentrale als auch mit Hermaringen zu sprechen gestattet.

3. Versuchs- und Prüfstation.

Der Raum für Versuche liegt direkt neben demjenigen, in welchem die Turbinen und Pumpen für die Akkumulierungsanlage aufgestellt sind, und die vom Berg herunterkommende Rohrleitung zweigt innerhalb des Hauses gegen den Versuchsraum zu ab und ist dort durch einen Schieber abgesperrt (Tafel III). In die Rohrleitung ist beim Eintritt in das Gebäude eine Drosselklappe eingeschaltet, welche sowohl vom Betriebs- als auch vom Versuchsraum aus von Hand betätigt werden kann. Sie soll dazu dienen, die Rohrleitung im Hause rasch absperren zu können, wenn sich während der Versuche irgend eine Undichtheit an den Rohren oder Turbinen zeigen sollte.

Die ganze Länge des Gebäudes wird durch 2 Laufkrane von je 4000 kg Tragkraft bestrichen, deren Laufschienen einerseits an den Wänden und anderseits an eisernen Säulen befestigt wurden, die von früher her vorhanden sind und mit welchen bei der Platzeinteilung gerechnet werden mußte.

Quer zur Längsachse des Gebäudes liegt der 2,5 m breite Versuchskanal V, dessen Sohle 0,65 m unter dem Brenzwasserspiegel liegt. An diesen Kanal, über welchem die Versuchsturbinen montiert werden, schließt sich rechtwinklig der 14 m lange Wassermeßkanal U an und führt das aus den Turbinen abfließende Wasser hinter dem Auslauf der Niederdruckturbine der Brenz zu.

Der Versuchskanal hat in 200 mm Höhe über dem normalen Wasserspiegel rechts und links Absätze, welche Gußschienen mit schwalbenschwanzförmigen Nuten tragen, und ist oben mit Gußträgern eingefaßt und überbrückt, welche ein leichtes Montieren der zu prüfenden Turbinen gestatten. Außerdem liegen im Fußboden des Versuchsraumes in Abständen von 2 m noch weitere Gußschienen mit Nuten zum Befestigen der verschiedenen Maschinen und Apparate.

Die in dieser Versuchsanstalt vorzunehmenden Prüfungen erstrecken sich auf:

Teile zu Rohrleitungen für Turbinenanlagen,
Regulatoren für Rohrleitungsturbinen,
Hochdruckspiral- und Freistrahlturbinen,
Apparate und Maschinen für Holzschleifereien und Papierfabriken,

und es seien im nachstehenden die für diese Versuche getroffenen Einrichtungen näher beschrieben.

a) Versuche an der Rohrleitung der Anlage und an Teilen für Turbinenleitungen.

An der Rohrleitung vom Hochreservoir zur Zentrale sind an verschiedenen Stellen, so vor allem an den Krümmern, Bohrungen vorgesehen und Nocken mit Gasgewinde aufgeschweißt, so daß überall Manometer angeschlossen werden können. Es sollen damit Versuche über den Rohrreibungsverlust der geraden Strecken und der Krümmer bei verschiedenen Wassergeschwindigkeiten vorgenommen werden.

Versuche mit Krümmern von anderer Lichtweite oder mit sonstigen Formstücken (Übergangsrohre, Drosselklappen) können im Versuchsraum durchgeführt werden. Wie Fig. 36 zeigt und S. 50 schon erwähnt ist, liegt im Schieberhaus eine zweite, ebenfalls 400 mm weite Rohrleitung, welche noch vor der elektrisch angetriebenen Drosselklappe in die Hauptleitung mündet. Diese Zweigleitung, welche sowohl vom Reservoir als auch von der Hauptleitung durch je einen Schieber abgesperrt werden kann, dient zum Einbau von Versuchsstücken, so vor allem zum Prüfen von Rohrbruchventilen. Die Versuchsstücke können ohne Betriebsunterbrechung montiert und dann durch einfaches Umstellen der Schieber in die Leitung eingeschaltet werden.

b) Regulatorversuche.

Die Schwierigkeit der automatischen Tourenregulierung an Rohrleitungsturbinen wächst mit der Wassergeschwindigkeit und der Länge der Rohrleitung. Da derartige Regulierversuche nur an der Hochdruckturbine der Akkumulieranlage vorgenommen werden können, so ist für die Wassergeschwindigkeit eine Grenze nach oben durch deren maximalen Wasserverbrauch gegeben, und es wurde deshalb, um noch ungünstigere Verhältnisse schaffen zu können, die Möglichkeit der Leitungsverlängerung ins Auge gefaßt.

Es läßt sich diese Verlängerung dadurch ausführen, daß anschließend an die Zweigleitung innerhalb des Reservoirs weitere Rohre verlegt werden. Die Leitungsverlängerung wird geradlinig durch einen Ausschnitt aus dem Rechen durchgeführt und schließt dann an ihrem Ende an ein in die Seitenwand des Rechens einbetoniertes Rohr an, so daß der Einlauf wieder innerhalb des Rechens liegt. Infolge der einfachen Umschaltbarkeit kann sofort nach Beendigung der Versuche wieder die normale, kurze Leitung für den Betrieb benützt werden.

Im Kabel für den Wasserstandsfernmelder sind zwei Drähte zum Anschluß eines Telephons eingeschlossen, so daß während der Versuche eine leichte Verständigung zwischen Zentrale und Schieberhaus möglich ist.

Für die Regulierversuche ist, wie in Hermaringen, ein dreiteiliger Wasserwiderstand bei W unterhalb des Hochspannungsraumes erstellt und die erforderlichen vier Schalthebel sind auf der Schalttafel angebracht worden. Die Größe der Widerstände ist wieder so gewählt, daß sie zusammen der Normallast des Drehstromgenerators entsprechen und die auf der Tabelle, Seite 30, angegebenen plötzlichen Belastungsänderungen vorgenommen werden können.

Das auf der Turbinenwelle sitzende Schwungrad ist aus einzelnen Stahlgußringen zusammengesetzt und gestattet, die Schwungmassen in ziemlich weiten Grenzen zu ändern. Der kleinste erreichbare Wert des Schwungmomentes ist $GD^2 = 1150$ kgm^2, welches im Rotor des Generators enthalten ist.

Die Tourenänderungen werden durch einen von der Turbine angetriebenen Tachograph aufgezeichnet und es ist auch für die Registrierung der Druckschwankungen und deren zeitlichen Verlauf ein Apparat vorgesehen.

Der Regulator der Hochdruckturbine sitzt auf einem eisernen Untersatz, so daß jederzeit leicht ein anderes Modell an seiner Stelle montiert werden kann.

c) Turbinenversuche.

Für die Versuche mit Turbinen kommen in der Brunnenmühle nur Spiral- und Freistrahlturbinen in Betracht, und es mußte mit Rücksicht auf die Anbringung von Saugrohren und deren Entwicklung der Versuchskanal

Fig. 50. Spiralturbine im Versuchsraum.

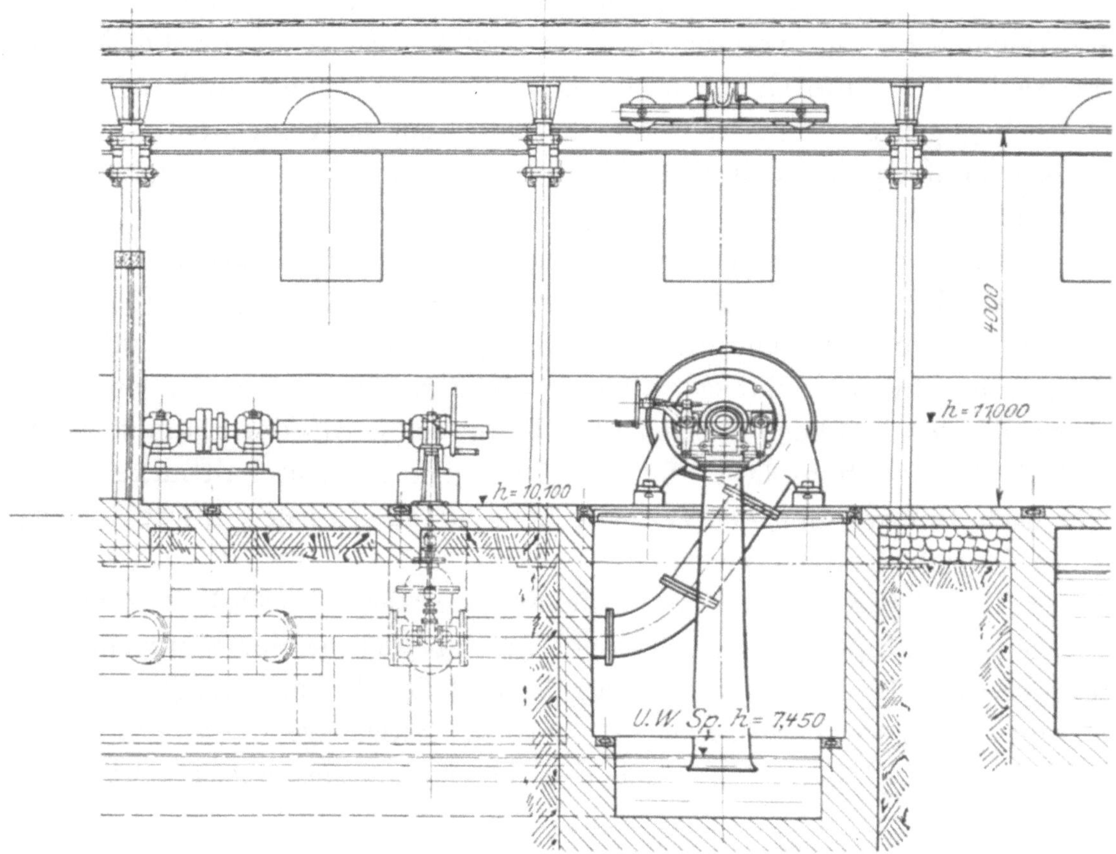

entsprechend tief angelegt werden. Bei den Freistrahlturbinen ergibt sich dadurch die Möglichkeit, die Pneumatisierung der Turbinengehäuse probieren zu können.

Die sekundlich verfügbare Wassermenge kann für Versuche auf maximal etwa 500 l gesteigert werden, wobei naturgemäß das Nutzgefälle durch den Druckhöhenverlust infolge der großen Wassergeschwindigkeit in der Rohrleitung reduziert wird.

Das maximale Bruttogefälle bei gefülltem Reservoir beträgt bis auf den Wasserspiegel im Versuchskanal 101,1 m, und es kann, soweit bei

Versuchen ein kleineres Gefälle erwünscht ist, dieses durch Drosseln mittelst der Drosselklappe oder des Absperrschiebers im Versuchsraum hergestellt werden. Damit bei einer Veränderung des Beharrungszustandes der den Versuch durchführende Ingenieur sofort darauf aufmerksam gemacht wird, wenn durch eine Unachtsamkeit der Druck in der Versuchsturbine über

Fig. 51. Spiralturbine im Versuchsraum.

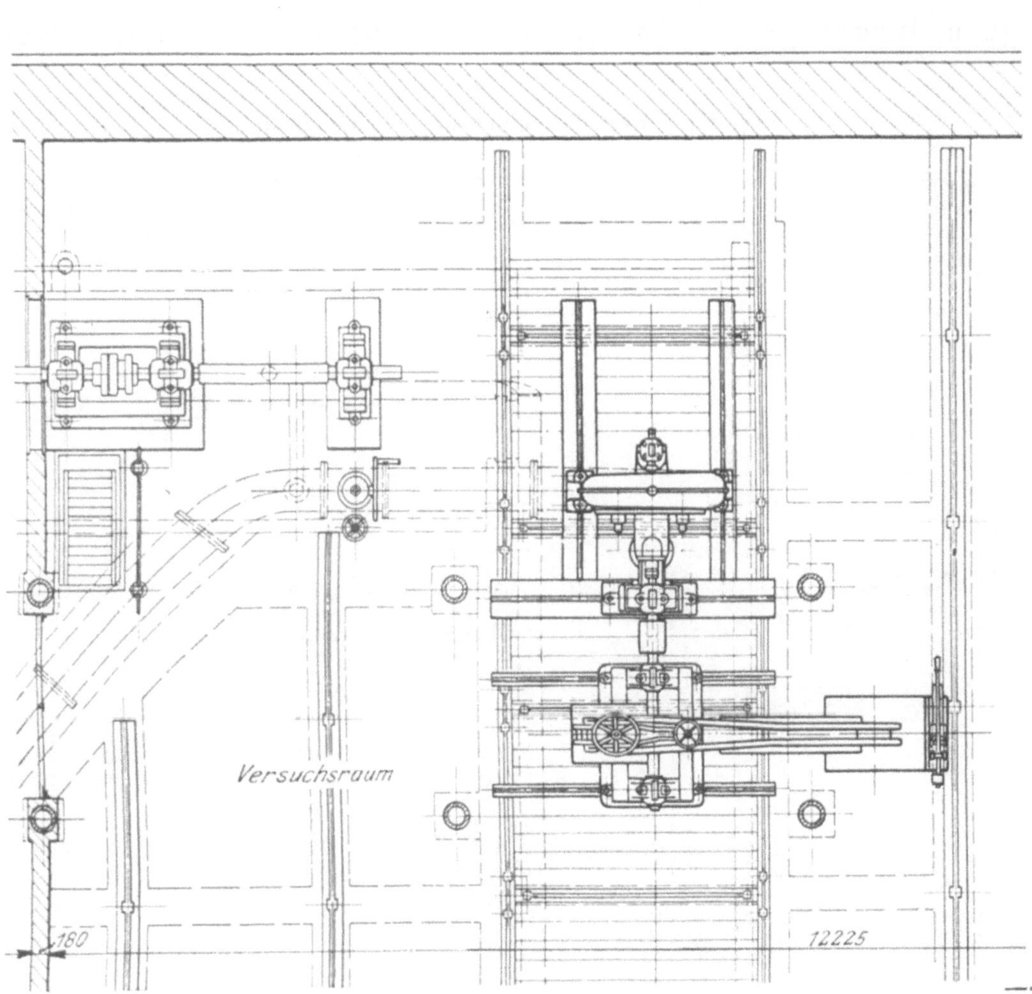

das als zulässig erachtete Maß hinausgeht, ist an der Wasserzuleitung ein einstellbares Manometer angeschlossen, das ein Läutwerk einschaltet und so lange forttönen läßt, bis der Druck wieder entsprechend gesunken ist.

Den Einbau einer Spiralturbine zeigen die Fig. 50 und 51, während in den Fig. 52 und 53 die Aufstellung einer Hochdruckfreistrahlturbine über dem Versuchsschacht gezeichnet ist.

Die Gefällsmessung erfolgt in der Brunnenmühle durch zweckentsprechend angebrachte Manometer, welche bei ruhender Wassersäule im Rohr stets vor und nach dem Versuch geeicht werden. Zu diesem Zweck ist der genaue Höhenunterschied zwischen zwei Fixpunkten im Versuchsraum und am Hochreservoir durch wiederholtes Nivellement festgestellt worden.

Die Messung der Wassermenge kann, wie schon erwähnt, sowohl mit der Schirmmethode als auch durch Überfall erfolgen. Der Meßkanal besitzt eine Lichtweite von 1,0 m und es sind dessen Seitenmauern mit Rücksicht auf die Stauung des Wasserspiegels bei Überfallmessungen reichlich hoch geführt. Neben dem Meßkanal führt der Bedienungsgang her, und es kann der Schirm, der eine ähnliche Aufziehvorrichtung wie derjenige in Hermaringen besitzt, leicht durch einen Mann bedient werden.

Fig. 52. Freistrahlturbine im Versuchsraum.

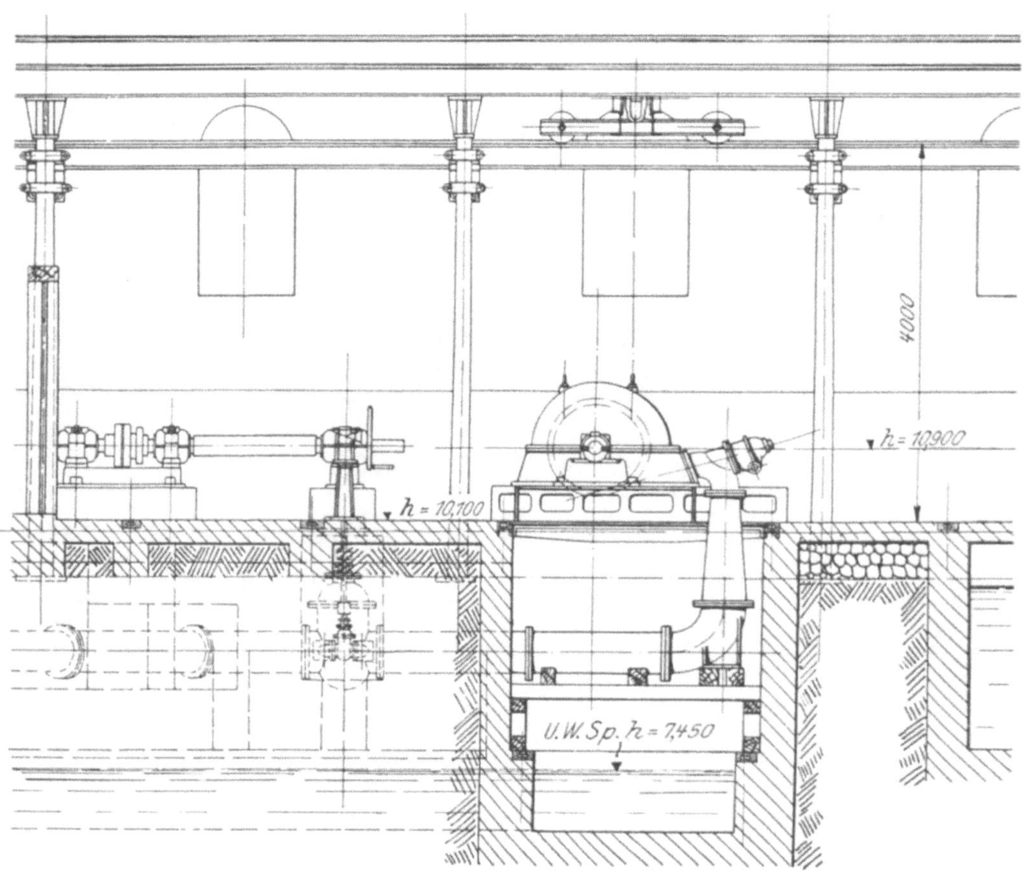

Der Kanal hat bis zur Überfallwand eine Länge von 12 m, während die Meßstrecke 8 m beträgt. Die elektrischen Kontakte sind wieder in Abständen von 1 m an einem der Gleise angeschraubt, und es wird zur Messung ein genau gleicher Registrierapparat wie in Hermaringen verwendet.

Zur bequemen Bestimmung der Wassertiefe ist in einer Nische bei S ein Schwimmer an einem dünnen Draht aufgehängt, welcher über eine Rolle läuft und am anderen Ende ein Spanngewicht trägt (Fig. 54 und 55). An dem Draht wird ein Zeiger festgeklemmt, der an dem sicher befestigten Maßstab die jeweilige Wassertiefe direkt abzulesen gestattet. Der aus

Kupferblech gefertigte Schwimmer trägt eine horizontal liegende Platte e, deren Abstand vom Wasserspiegel genau festgelegt wird. Durch Messen des Abstandes dieser Platte von dem Festpunkt d läßt sich die Vorrichtung jederzeit leicht kontrollieren und der Zeiger einstellen*). Für die

Fig. 53. Freistrahlturbine im Versuchsraum.

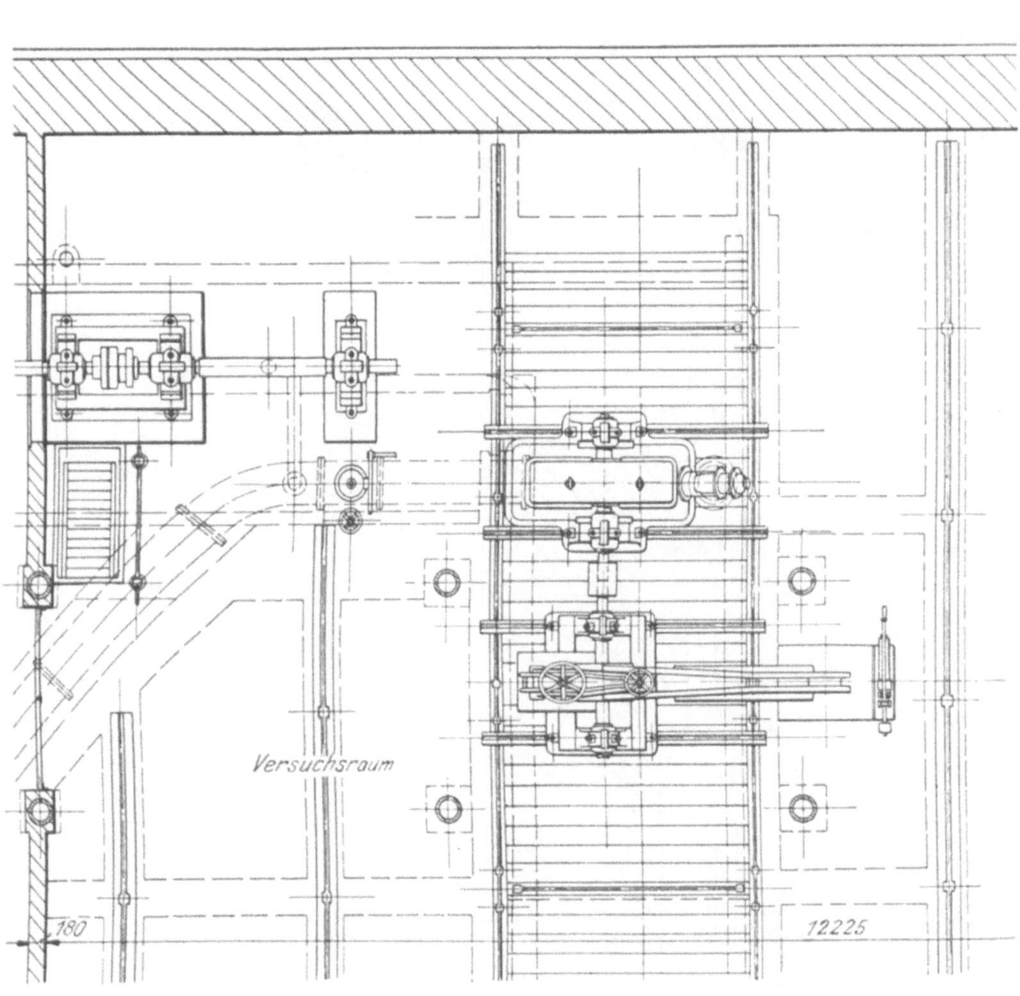

Überfallmessungen kommen in erster Linie Überfälle mit allseitiger Kontraktion in Betracht und es können den Blechwänden, welche bei H an dem einbetonierten ⊏-Eisenrahmen leicht zu befestigen sind, die verschiedensten Überfallbreiten gegeben werden. Die Überfallhöhen lassen sich an der Schwimmervorrichtung oben im Versuchsraum ablesen.

Wie in der Versuchsanstalt Hermaringen, so ist es auch hier möglich, zu gleicher Zeit Schirm- und Überfallmessungen vorzunehmen und

*) Siehe auch: Zeitschrift d. V. d. Ing. 1908, Seite 1835.

Fig. 54 und 55. Schwimmermeßvorrichtung.

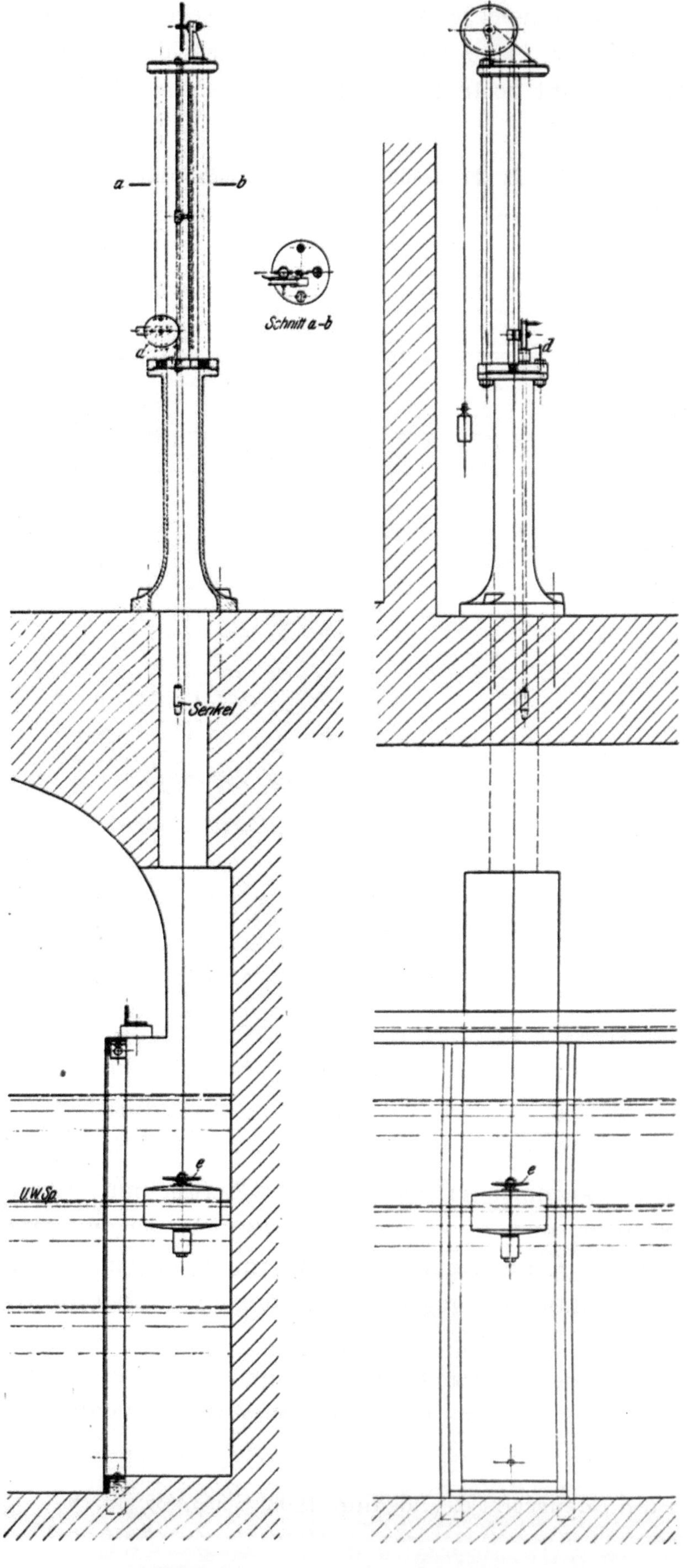

dadurch Überfallkoëffizienten auch bei allseitiger Kontraktion und für kleine Wassermengen zu bestimmen.

Als dritte Methode der Wassermessung kann in der Versuchsstation Brunnenmühle noch die Gefäßmessung unter Benützung des Hochreservoirs in Anwendung kommen. Das letztere ist genau kreiszylindrisch mit einem Durchmesser von 36,0 m ausgeführt, so daß durch Beobachtung des Wasserstandes und der Zeit die sekundlich abfließende Wassermenge bei gutem Beharrungszustand und längerer Versuchsdauer bestimmt werden kann.

Fig. 56. Zeiger- und Registrierapparat des Wasserstandsfernmelder.

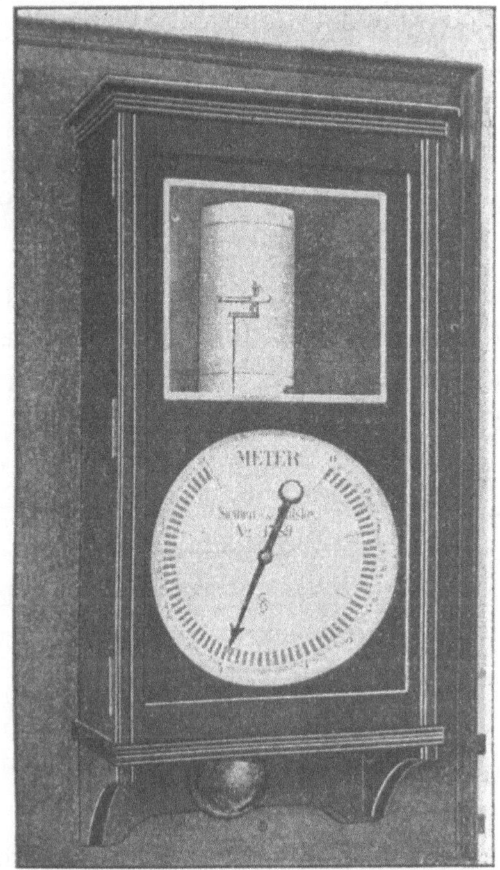

Es ist auch möglich, das Reservoir durch Überfallmessung zu eichen, wenn gleichmäßig Wasser in den Meßkanal abgelassen und die Überfallhöhe, fortlaufend mit der Zeit, graphisch aufgetragen wird. Zu diesem Zweck ist der Zeiger der Schwimmervorrichtung durch einen Schreibstift zu ersetzen, der die Überfallhöhe auf einer durch ein Uhrwerk angetriebenen Trommel aufzeichnet. Wird hierzu der Registrierapparat des in Fig. 56 dargestellten Wasserstandsfernmelders benützt, so erhalten wir auf einem Blatt, nach der Zeit als Abscissen geordnet, sowohl die Höhe des Wasserspiegels im Reservoir als auch die Überfallhöhen aufgetragen und können daraus die zu jeder Zeit sekundlich abfließende Wassermenge und den Inhalt des Beckens zwischen beliebigen Schichten berechnen.

Zu erwähnen ist noch, daß durch die von der Niederdruckturbine angetriebene Zentrifugalpumpe P (Tafel III) der Versuchs- und Meßkanal rasch leergepumpt werden kann, wobei entweder durch die Überfallwand oder durch eine in die seitlichen Fälze hinter dem Überfall eingeschobene Holztafel die Absperrung gegen das Unterwasser bewerkstelligt wird. Es läßt sich bei leergepumptem Kanal nicht nur der Überfall sicher einbauen, sondern auch die Montierung der Saugrohre und der Anschlußleitungen an die Versuchsturbinen bequemer vornehmen.

Die Leistungsmessung erfolgt bei den Freistrahlturbinen und den nicht zu rasch laufenden Spiralturbinen mit der einfachen Reibungsbremse.

dem Pronyschen Zaum, und es werden hiezu entweder der eiserne Bremszaum mit 600 mm Scheibendurchmesser und innerer Wasserkühlung, der auf Seite 26 beschrieben ist, oder bei höheren Leistungen größere normale Bremsapparate mit Bremsband und hölzernen Balken, wie sie für die Bremsungen bei Abnahmeversuchen in größerer Zahl vorhanden sind, Verwendung finden.

Für sehr rasch laufende Spiralturbinen kann mit der gewöhnlichen Reibungsbremse ein guter Beharrungszustand nicht mehr erreicht werden und es wird dann eine Wasserbremse benützt, bei welcher an Stelle der Reibung fester Körper diejenige rotierender Blechscheiben in Wasser und die innere Wasserreibung gesetzt ist*).

Das Wasser zur Kühlung und Schmierung der gewöhnlichen Reibungsbremsen und zum Betrieb der Wasserbremse wird dem Hauptrohr entnommen und muß beim Ausguß aus den Bremsapparaten aufgefangen und für sich abgeleitet werden, damit es nicht zusammen mit dem aus der Versuchsturbine abfließenden Wasser gemessen wird. Zur Abführung des Kühlwassers dient die neben dem Bedienungsgang am Meßkanal hinlaufende Rinne Q, welche erst hinter dem Überfall in das Unterwasser einmündet.

Die Umdrehungen werden wieder durch, auf die Welle aufgesetzte, Kontaktscheiben und den elektrischen Registrierapparat bestimmt oder durch Umlaufzähler und Stechuhr über die ganze Dauer eines Versuches gezählt. Ein durch Gurt angetriebener Tourenanzeiger leistet auch hier gute Dienste zum Einstellen auf eine bestimmte Drehzahl und zur Beurteilung des Beharrungszustandes.

Um auch die Betriebs-Hochdruckturbine in einfacher Weise prüfen zu können, ist eine Umführung N des abfließenden Wassers vorgesehen, welches dadurch dem Meßkanal zugeführt wird. Die Turbinenwelle ist über das Schwungrad hinaus verlängert und kann mit einer in zwei Lagern ruhenden, kräftigen Welle gekuppelt werden, welche reichlich Platz zum Aufbringen des Bremszaumes bietet. Wie in Hermaringen, so ist auch hier die Möglichkeit gegeben, den Wirkungsgrad des Drehstromgenerators einschließlich Lager- und Luftreibung einwandfrei festzustellen, wenn außer der mechanischen Bremsung auch noch unter denselben Verhältnissen die Bremsung durch Belastung der Turbine mit dem auf Wasserwiderstand geschalteten Generator erfolgt.

d) Versuche mit Maschinen für die Papierfabrikation.

Es bleibt noch übrig, diejenigen Versuche hier zu erwähnen, welche in der Brunnenmühle an Maschinen und Apparaten für die Papierfabrikation vorgenommen werden sollen.

---

*) Zeitschrift d. V. d. Ing. 1907, Seite 1353.

Der eigentliche Versuchsraum für diesen Fabrikationszweig der Firma J. M. Voith befindet sich innerhalb der Fabrik und soll dort auch weiterhin diesem Zweck dienen. Es kann sich für die Versuchsstation Brunnenmühle nur um die Prüfung solcher Maschinen handeln, welche eine große Antriebskraft benötigen, da im Frühjahr bei gutem Wasserstand in der Brenz ja die ganze akkumulierte Kraft zu Versuchen zur Verfügung steht. Es kommen demnach in erster Linie Holzschleifapparate in Betracht, welche mit den erforderlichen Nebenmaschinen im Versuchsraum aufgestellt und von der verlängerten Turbinenwelle aus durch Riemen oder Seile angetrieben werden. Die größte zur Verfügung stehende Kraft beträgt an der Hochdruckturbine 290 PS und kann dadurch, daß der mit dieser Turbine gekuppelte Generator von Hermaringen her als Motor angetrieben wird, bis auf über 500 PS gesteigert werden.

C. Schlußwort.

Der Bau der Versuchsstation und Zentrale Hermaringen wurde Mitte Juli 1907 begonnen und die endgültige Inbetriebsetzung erfolgte Ende Januar 1908. Das Hochreservoir für die Akkumulierungs- und Versuchsanlage Brunnenmühle ist am 1. April 1908 in Angriff genommen und bis Ende September vollständig fertiggestellt worden. Die Inbetriebsetzung der Anlage konnte am 14. November 1908 erfolgen, nachdem die Montierung der Rohrleitung und der maschinellen Einrichtung vollendet war.

Die Ausführung der Wasserbauten und des Hochbaues in Hermaringen sowie die Erstellung des Hochreservoirs hatte die Baufirma Nöding & Stober in Pforzheim übernommen, in umsichtiger Weise rasch gefördert und gut zu Ende geführt.

Vom elektrischen Teil lieferte die Allgemeine Elektrizitäts-Gesellschaft in Berlin die Generatoren nebst Schaltanlage der Primärstation Hermaringen, während die Kraftübertragungsanlage, die Sekundärstation sowie die gesamte elektrische Einrichtung der Brunnenmühle aus den Siemens-Schuckertwerken hervorging.

Alle Anlagen haben sich seit Inbetriebsetzung aufs beste bewährt und speziell die beiden Versuchsstationen erwiesen sich durch ihre große Vielseitigkeit in Größe und Anordnung der zu untersuchenden Turbinen als zweckmäßig und außerordentlich wertvoll.

Es darf hier ausgesprochen werden, daß wohl kaum auf einem anderen Gebiete des Kraftmaschinenbaues so viele Neukonstruktionen ausgeführt werden, wie bei den Wasserturbinen, bei welchen der Erbauer infolge Fehlens einer Versuchsanstalt nicht diejenige Gewißheit über die Güte seines Werkes besitzt, welche bei diesem wichtigen Zweig der Ausnützung der Naturkräfte erste Bedingung sein sollte.

Daß eine solche Unsicherheit nicht im Interesse der wirtschaftlichen Ausnützung der Wasserkräfte liegt, ist selbstverständlich, und es muß dem von Professor Dr. Camerer in seinem Aufsatz über „Wirtschaftliche Gesichtspunkte beim Veranschlagen von Wasserkraftmaschinen“ (Zeitschrift d. V. d. Ing. 1908 S. 1911) ausgesprochenen Satz „daß für bedeutende Anlagen nur solche Turbinen in Frage kommen sollten, von denen genaue Bremsberichte vorliegen, da es nur auf Grund solcher möglich ist, die zweckmäßigsten Abmessungen mit Sicherheit vorauszubestimmen und späteren Überraschungen zu begegnen“ voll beigepflichtet werden.

Bei dem heutigen intensiven Wettbewerb in allen Industrien ist aber auch bei mittleren und kleinen Anlagen eine bestmögliche Ausnützung der als Betriebskraft dienenden Wasserkräfte unbedingt anzustreben und bei den großen Verlusten, welche eine verfehlte Turbinenanlage mit den kostspieligen Einbauten für den Abnehmer mit sich bringt, muß eine absolute Sicherheit, wie sie nur der Versuch geben kann, für jeden Wasserkraftbesitzer von hohem Werte sein.

Die Firma J. M. Voith hat, in richtiger Erkenntnis dieser Umstände, die beiden vorstehend beschriebenen Anlagen mit großen pekuniären Opfern geschaffen und deren Einrichtungen so ausgebaut, daß sie allen Anforderungen, welche an Turbinenversuchsanstalten gestellt werden können, voll gerecht zu werden vermögen.

Geleitet von dem Grundsatze, daß nur durch wissenschaftliche, auf experimentelle Untersuchungen gestützte Forschung ein wirklich gesunder Fortschritt erreicht werden kann, ist zu hoffen, daß diese Versuchsstationen nicht nur zum Gedeihen der Voithschen Werke beitragen und deren führende Stellung im deutschen Turbinenbau erhalten und festigen, sondern auch die Eroberung des Weltmarktes durch die deutschen Turbinen fördern und so dem Gesamtwohl des deutschen Vaterlandes dienen werden.

Additional material from *Die Turbinen-Versuchsstationen und die Wasserkraft-Zentralen mit hydraulischer Akkumulierungsanlage der Firma J. M. Voith in Heidenheim a. d. Brenz,* ISBN 978-3-662-33648-9, is available at http://extras.springer.com